建筑与环境模型制作研究

吕　明　白云峰　叶　琳◎著

中国纺织出版社

图书在版编目（CIP）数据

建筑与环境模型制作研究／吕明，白云峰，叶琳著．
—北京：中国纺织出版社，2019.11　（2023.4 重印）
ISBN 978-7-5180-5568-5

Ⅰ．①建…　Ⅱ．①吕…②白…③叶…　Ⅲ．①模型
（建筑）—制作　Ⅳ．①TU205

中国版本图书馆 CIP 数据核字（2018）第 245065 号

责任编辑：郭　婷　　责任校对：王花妮　　责任印制：储志伟

中国纺织出版社出版发行
地址：北京市朝阳区百子湾东里 A407 号楼　邮政编码：100124
销售电话：010-67004422　传真：010-87155801
http://www. c-textilep. com
E-mail：faxing@ e-textilep. com
中国纺织出版社天猫旗舰店
官方微博 http://www. weibo. com/2119887771
大厂回族自治县益利印刷有限公司印刷　各地新华书店经销
2019 年 11 月第 1 版　　2023 年 4 月第 3 次印刷
开本：710×1000　1/16　印张：13.75
字数：200 千字　定价：64.00 元

前　言

　　"模型"是为一种特殊目的而设计的某个其他事物的表现，这种表现可以采取许多形式，取决于眼下的目的是什么，一种是使我们记起已经知道的某个事物，目的也可能在于发现。建筑与环境模型则是将平面的设计转化成立体的建筑与景观等环境效果，也是表达设计者创新思维的另一种形式，它通过以环境设计各组成要素之间的组合，从而使得设计者能够清晰地了解到自己设计方案的优缺点，是环境设计的立体草图，是设计者通过制作来体现自己的方案构思的一种重要形式。建筑与环境模型不仅是建筑师、环境设计师在设计过程中的重要辅助工具，也是相关专业学生强化对空间感的认识理解的重要途径。

　　建筑与环境模型的制作常常被运用于建筑设计、环境设计的教学与实践当中，制作建筑与环境模型的目的是提高设计者的实践动手能力，同时提高设计者的创新设计能力，现代的建筑与环境模型是运用多种现代技术、材料与加工工艺，以缩微形象创造出逼真的环境立体效果的过程，建筑与环境模型也是贯穿于环境设计的全过程中不可或缺的辅助设计工具，以辅助设计师们在三维空间关系中将设计方案推敲得更趋完美。

　　目前越来越多的艺术设计类院校开设建筑与环境模型设计制作相关课程，尤其对于环境设计专业而言，学生们通过建筑与环境模型设计制作课程能够使创作构思具体化和形象化，从而增强空间意识及实际动手能力。为建筑环境主题配置得当的景观环境更能够进一步训练学生们对空间与环境效果的整体把握能力，通过课程训练学生能够掌握一种新的空间表达方式及在空间中构思方案的方法，从而使其设计语言更加丰富。

近几年，我国的模型制作行业在模型材料的开发和制作工艺方面有了长足的进步，随着设计表现手段的不断更新，计算机辅助进行建筑与环境模型的制作可使模型制作得更快捷、更美观、更精确。作者在从事多年的建筑与环境模型设计制作教学过程中积累了较为丰富的教学经验，本教材是在教学讲义的基础上，参考了大量的国内外书籍和著作，几经修改编写而成。本书由沈阳建筑大学吕明老师、白云峰老师和沈阳工学院叶琳老师共同编著完成，其中沈阳建筑大学吕明老师编写了第二章和第四章的内容，白云峰老师编写了第六章和第七章的部分内容，沈阳工学院叶琳老师编写了第一章、第三章、第五章和第七章的部分内容，第七章模型欣赏中展示的作品和学生习作均来自于沈阳建筑大学和沈阳工学院的学生在模型制作课程上制作的优秀作品。本书力求从这一学科教育的学术性、实用性和普及性等方面的讲述，努力做到深入浅出，通俗易懂，使广大的学生和读者能从建筑与环境模型的基础理论和基本方法入手，提高建筑与环境模型设计制作的表达水平。

本书参考了国内外大量的优秀模型设计作品，并引用了一些专家与学者成熟的模型设计理论，书中大量的案例和图片为近年来编者教学心得的积累和整理，文中的部分图片内容来自百度文库，文字观点和图片引用大部分已经在书后列出了参考文献，但由于篇幅所限，可能会有所遗漏，在此谨向这些文献、图片出处的单位及作者深表歉意。此外参与本书编撰的老师还有沈阳建筑大学丁晓雯老师、吕丹娜老师，沈阳工学院李硕老师、张彬彬老师，为本书的编写提供了一定的理论支撑和图片素材，对上述同事的大力支持和帮助在此表示由衷的感谢。

由于时间仓促，再加上自己对模型教学的研究和学习尚有不足，在编写中难免有不妥之处和局限性，还请各位同行前辈和广大读者不吝教正，在此深表谢意。

著者

目 录

第一章 建筑与环境模型制作概述

随着我国城市规划业、建筑设计业、房地产业的高速发展，建筑设计师、城市规划师、房产商、展览商逐渐青睐形象、直观的建筑与环境模型，这势必促进建筑与环境模型制作业进一步发展，使作为建筑与环境设计表现手段之一的建筑与环境模型进入到一个全新的阶段。在各大专院校的建筑设计、环境设计专业教学中，建筑与环境模型因其表现手段之长，有机地将形式与内容完美地结合在一起，以其独特的形式向人们展示了一个立体的视觉形象，以此来提高学生的动手实践能力和创新思维能力及全面的表达设计思想。

建筑与环境模型制作是材料、工艺、色彩、理念的完美组合，它一方面将设计人员图纸上的二维图像，通过创意、材料组合形成了具有三维效果的立体形态；另一方面通过对材料手工与机械工艺加工，生成了具有转折、凹凸变化的表面形态，产生惟妙惟肖的艺术效果，因而人们把建筑与环境模型制作称之为造型艺术。

这种造型艺术对每一个模型制作人员来说是一个既熟悉又陌生的领域。说熟悉是因为我们每个人时时刻刻都在接触各种材料，都在使用工具，都在无规律地加工、破坏各种物质的形态。说陌生则是因为建筑与环境模型制作是一个将视觉对象推到原始形态，利用各种组合要素，按照形式美的原则，依据内在的规律组合成一种新的立体多维形态的过程。该过程涉及许多学科的知识，同时又具有较强的专业性。

建筑与环境模型的设计与制作，一方面要理解空间环境的语言，理解环境设计的内涵才能够完整而准确地表达设计内容；另一方面又要充分了解各种材料的特性，合理地使用各种材料，才能做到物尽其用，物为所用。任何复杂建筑与环境模型的制作都是利用最基本的制作方法，通过改变材料的形态，组合块面而形成的。通过在对基本制作方法掌握的基础上，合理地利用各种加工手段和新工艺，能够进一步提高建筑与环境模型的制作精确度和表现力。总之，建筑与环境模型制作是一种理性化、艺术化的制作，它要求模型制作人员，一方面要有丰富的想象力和高度的概括力；另一方面要熟练地掌握建筑与环境模型制作的基本技法。只有这样才能通过理性的思维、艺术的表达，准确而完美地制作建筑与环境模型（图1-1至图1-5）。

图1-1 建筑景观模型表现

图1-2 楼盘销售环境模型表现

图1-3　木质建筑与环境模型表现

图1-4　模型局部表现

图1-5 概念建筑与环境模型表现

第一节 建筑与环境模型的含义

模型的概念指的是：通过主观意识借助实体或者虚拟表现构成客观阐述形态结构的一种表达目的的物件。因此说模型构成形式分为虚拟模型（用电子数据通过数字表现形式构成的形体以及其他实效性表现）及实体模型（拥有体积及重量的物理形态概念实体物件）。前者如物理模型、数学模型等属于抽象或理论研究的范畴（图1-6至图1-8）；后者则如建筑与环境模型、产品模型、展示模型等，属于实体模型的范畴，是设计的一种表达手段或对某种实物进行足尺或缩放比例的模仿制作实体，是一种三维直观的"对空间的视觉表达"（图1-9至图1-11）。

图 1-6　虚拟现实技术下厂矿的模型

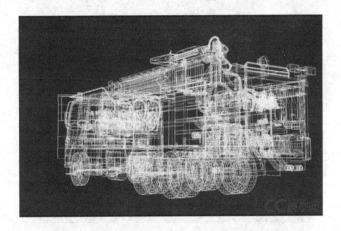

图 1-7　数字艺术表现交通工具的虚拟模型

图 1-8　数字艺术表现环境空间的虚拟模型

图 1-9　建筑与环境实体模型

图 1-10　产品模型

图 1-11　展示模型

在工程学上，模型是根据实物、设计图、设想，按比例、生态或其他特征而制成的缩样小品。具有展览、绘画、摄影、实验、测绘等用途。常用木材、石膏、混凝土、金属、塑料等作为加工材料（图1-12至图1-15）。建筑与环境模型则是指用于城市规划、环境设计、建筑设计思想的一种形象艺术语言。是采用便于加工而又能展示建筑质感并能烘托环境气氛的材料，按照设计构思、设计图，以适当的比例制成的缩样小品（图1-16和图1-17）。

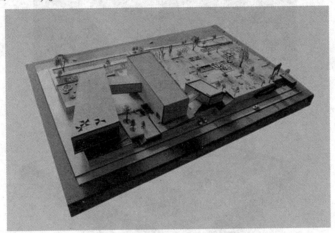

图1-12 木质材料建筑与环境模型

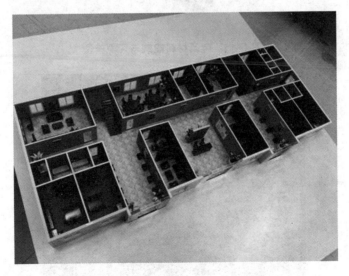

图1-13 塑质材料建筑与环境模型

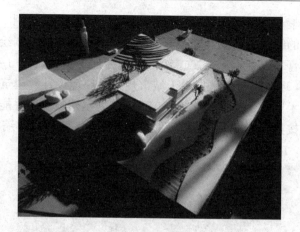

图 1-14　纸质材料建筑与环境模型

图 1-15　金属材料建筑与环境模型

图 1-16　景观环境模型

图 1-17　概念环境模型

　　建筑与环境模型以其特有的形象性表现出设计方案之空间效果，是建筑设计、环境设计的一种表达方式，建筑及环境艺术模型介于平面图纸与实际立体空间之间，它把两者有机地联系在一起，是一种三维的立体模式。建筑与环境模型有助于设计创作的推敲，可以直观地体现设计意图，弥补图纸在表现上的局限性。它既是设计师设计过程的一部分，同时也属于设计的一种表现形式，被广泛应用于城市建设、房地产开发、商品房销售、设计投标与招商合作等方面。使用易于加工的材料依照建筑设计图样或设计构想，按缩小的比例制成的样品（图 1-18 至图 1-20）。

图 1-18　房地产销售使用模型 1

图 1-19　房地产销售使用模型 2

图 1-20　房地产销售使用模型 3

建筑与环境模型是在建筑设计中用以表现建筑物或建筑群的面貌和空间关系的一种手段。对于技术先进、功能复杂、艺术造型富于变化的现代建筑，尤其需用模型进行设计创作。在初步设计即方案设计阶段的称工作模型（图 1-21 和图 1-22），制作可简略些，以便加工和拆卸。材料可用油泥、硬纸板和塑料等。在完成初步设计后，可以制作较精致的模型——展示模型（图 1-23 至图 1-26），供审定设计方案之用。展示模型不仅要求表现建筑物接近真实的比例、造型、色彩、质感和规划的环境，还可揭示重点建筑房间的内部空间、室内陈设和结构、构造等。展示模型一般用木板、胶合板、塑料板、有机玻璃和金属薄板等材料制成。模型的制作力求达到表现设计创作的立意和构思。

图 1-21　泡沫塑料材料制作工作模型

图 1-22　纸板材料制作工作模型

图 1-23　别墅主题展示模型

图 1-24　酒店主题展示模型

图 1-25 家居主题展示模型

图 1-26 景观主题展示模型

第二节 建筑与环境模型制作的发展

在我国，模型制作的历史可以追溯到公元前 2 世纪至公元前 1 世纪的陶墓祭品。在古代，人们在建造一些重要的建筑或记录一些重要的历史建筑时，常常运用陶、金属、石头等材料来制作微缩的建筑物复制品（图 1-27）。

图 1-27　陶墓祭品模型

据史料记载，西方的建筑与环境模型多出现在古希腊和古罗马时代的文学作品中，人们公认最早的建筑与环境模型是希罗多德（Herodotus）在他的作品中描述的达尔斐神庙（Delphi Temple）模型。古希腊时代已经有缩小比例的建筑与环境模型留存下来，比如塞浦路斯神庙（图 1-28）和迈锡尼神庙的模型（图 1-29）。这一类的模型大部分用陶土制作，比较小巧，便于移动，模型形式也比较抽象。由于技术上缺乏精确的度量，这一时期的建筑与环境模型在尺度转化上也不准确。从功能上说这些模型并不是作为实际设计方案的表现手法，它们只是作为仪式性的祭物。当时的设计者为了表达自己的设计概念，最基本而重要的表现方式是通过各种形式的二维图纸。由于建筑与环境模型只是用来作为祭祀活动的物件，而平面图纸表达三维空间又有一定的局限性，因此建筑设计者脑中的空间感有限，建筑物的形式也没有太大的变化。这种将模型当作祭祀使用的做法一直到文艺复兴时期才有彻底的转变。

图 1-28　古希腊时期塞浦路斯神庙模型

图 1-29　古希腊时期迈锡尼神庙模型

　　从中世纪晚期到文艺复兴初期，建筑与环境模型开始大量出现在与建筑相关的领域中，并且随之有了许多文献记载和少量实物保存。但文艺复兴时期产生的建筑与环境模型数量之大，种类之丰富，远不止我们今日所见。相较于之前的时期，文艺复兴时期的建筑与环境模型材料更丰富，比例更准确，尺度与功能也更多样化。设计师通过制作模型作为发展构思的途径，他们会利用精致的模型剖面或可拆装的屋顶楼板来研究室内设计。

　　17~18世纪工程制图法的日趋完善，让模型在建筑设计中的角色出现转变，它开始成为解释设计的工具而并非在文艺复兴时期盛行的探索设计的工具，比较著名的模型有英国的建筑设计师克里斯多夫·雷恩（Christopher Wren）为伦敦圣保罗教堂设计的一个1∶18的巨大模型，模型内部空间高达到18英尺，足够让客户和工人直接走进去感受（图1-30），但雷恩认为这个模型并没有在设计中发挥应有的价值，而只是作为建筑最后的完美呈现。1717年詹姆斯·吉布斯（James Gibbs）设计的伦敦河滨圣母教堂的木制模型制作非常精巧（图1-31），不过也只是作为最后呈现给委托人的工具。

图1-30　圣保罗教堂模型内景

图 1-31　伦敦河滨圣母教堂的木制模型

　　伴随着工艺学院的大量建立，模型的教学功能变得非常普遍。这种教学的模型往往结构更加复杂，在建筑工艺院校中大量使用。这种情况持续到 20 世纪初期包豪斯的建立（图 1-32），包豪斯提出艺术与技术相结合的思想，学生不仅需要接受形式与空间理论的熏陶，还需熟知材料的特性和技术工艺的特点，因此手工操作的课程在教学任务中占有重要地位，这种思想提倡实体模型对建筑思维的激发和促进。在包豪斯学校的开设课程中，模型教学占据了重要部分，以包豪斯为代表的建筑师们重视实体模型在设计中的作用，并将其作为建筑学教育及实践中不可缺少的组成部分。

图 1-32　包豪斯学校模型

　　20世纪初期除了设计思想的发展，另外两个原因也推动了建筑与环境模型的发展。第一是材料科学的发展让模型材料的可选择范围大大扩展了。金属、电线、纸板、有机玻璃、泡沫塑料以及各种人工合成材料都能够使用在模型中；第二是由于模型材料的改变，带来制作模型的工具和设备的更新换代（图1-33至图1-36）。

图1-33　新材料模型

图1-34　增加灯光技术的建筑物模型

图 1-35 增加灯光技术的别墅模型

图 1-36 新材料建筑模型

我国的建筑与环境模型的发展是伴随改革开放后，随着经济的迅速发展，建筑业成为空前热门的情况下得以长足发展的，模型更为广泛地被运用于建筑设计中。20世纪90年代初，房地产业的兴起，使建筑展示模型成为房地产商推销楼盘的重要演示工具。精美的建筑微缩模型不仅能展示出户型的内部构造及设施的布置方案，更能展示整个楼盘的建筑概况以及楼盘周边环境配置情况（图1-37至图1-39）。建筑与环境模型直观和完美的效果，对于迅速激发参观者的潜在购买欲有很大效力，同时也成为购买者与开发商交流的重要工具。

图1-37 建筑缩微模型

图1-38 建筑环境演示模型1

图1-39 建筑环境演示模型2

建筑与环境模型制作行业发展至今，从事模型的设计与制作的专业化队伍在推动建筑与环境模型的制作技术往更高水平发展的同时，还着力于运用新技术开发建筑与环境模型潜在的发展空间。比如灯光效果由过去的通过发光二极管发展到通过 LED 灯光和光纤来达到效果，模型的用材也由原来的木材、卡纸等发展到 ABS、PVC 等新型材料，模型材料的切割与成型更多的使用 CNC 数控雕刻工艺及快速成型技术，很多家具或景观的模型实现了批量化的生产成型，很多景观制作方面更是由过去的局部使用发展到了整体模拟真实效果阶段……建筑与环境模型设计制作的种种新发展都通过不同的角度促使模型的设计与制作水平朝专业化、精细化以及高艺术表现性的方向发展。

第三节 建筑与环境模型制作的作用

建筑与环境模型突破了传统的平面图纸的束缚，通过采用一定的材料、工艺，遵循固定的原则能够制作出微缩的建筑实物模型，在建筑与环境设计方面起到了不可估量的作用，直观全面地表现建筑的各种属性，也使得设计师的设计构思能够得到更好的表达，提高了工作效率。建筑与环境模型的设计与制作对于提升专业学生的学习兴趣，培养其快速形成对三维立体空间的掌控能力，表现平面至立面的转换过程（图 1-40 和图 1-41），可以让学生更好地理解设计理念等方面，都有着非常重要的意义。

图 1-40　墙体平面的设计

图 1-41　三维立体空间的设计

一、建筑与环境模型在设计中的作用

1. 辅助建筑与环境设计，全面培养设计师的表现能力

设计构思的表现是设计师独有的视觉语言，在设计图纸和建筑与环境模型的设计制作这一过程中，可以提高设计师的读图能力和动手操作能力，建筑与环境模型一般是通过目测来进行大小的确认，通过一定的比例

来制定出微缩艺术实体模型。设计师通过建筑与环境模型来表现自己的设计构思，打破了传统的设计构思中的种种限制，不再是在纸上空谈，而是在实际中得到更好的锻炼和发挥，这些对于设计师表现复杂空间的能力和对各种细节方面的处理能力都有很好的训练和提高的效果（图1-42和图1-43）。

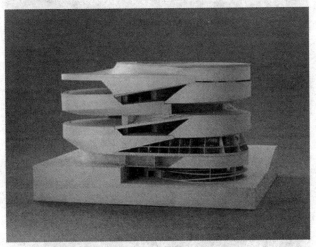

图1-42 模型辅助建筑设计表现

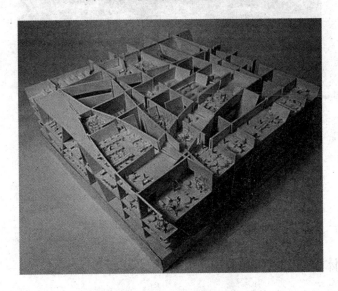

图1-43 模型辅助空间设计表现

建筑与环境模型的制作过程是一项复杂的系统的综合性劳动过程，同时也是一个自由度和施展平台很大的创造过程。建筑与环境模型能够使设计师更加清楚明了地掌握设计作品的空间几何关系，从而了解建筑物的空间环境整体结构布局，同时还能深化设计师对材料和相关工艺的认识。图1-44 为木模型的材料工艺，图 1-45 为 ABS 材料模型工艺。

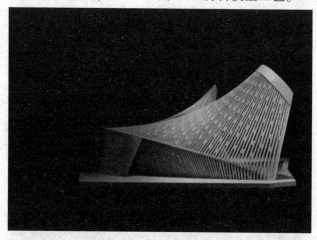

图 1-44　木模型的材料工艺

图 1-45　ABS 材料模型工艺

2. 体现三维空间的功能和美感

因为建筑与环境模型自身具有一定的直观性、可视性及相应的空间审美性，所以人们能够更加客观真实地了解到实物的空间结构布局，产生一种以小见大的功能。目前国内外许多设计师都运用建筑与环境模型来弥补二维平面在表达立体空间方面的缺陷。建筑与环境模型是建筑设计的一部分，它是设计师完善自己设计构思的一种方法，它摆脱了传统的平面、立面、剖面图的各种限制，是一种立体的三维空间模型。相比于二维平面图，它拥有更精致、更细腻、更直观的优点。体现了设计师对于平面与立体、空间结构和建筑布局之间关系的思考，打破了传统的二维平面的局限性，在设计构思的过程中，建筑与环境模型作为基本工具再现了建筑实物的造型，有助于设计方案的理解和完善，从而更好地服务于模型的设计和制作，图1-46至图1-48展现了美感突出的建筑与环境模型的三维空间效果，使造型表达更加细腻直观。

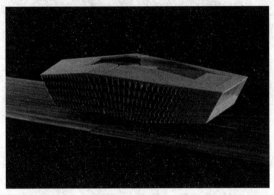

图1-46 体现美感的建筑与环境模型1

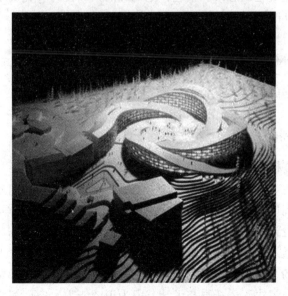

图1-47 体现美感的建筑与环境模型2

图 1-48　体现美感的建筑与环境模型 3

　　建筑与环境模型能够做到二维平面无法实现的空间功能和美感的体现，设计师通过空间思维和技艺，把二维的平面设计转化为了三维的立体空间构思，同时通过建筑模型对设计构思进行系统的分析、研究及论证设计方案的可行性，在设计构思的过程中，设计师就不会再好高骛远，还能通过模型的分析得出各种相关要素的内在联系，从而提升艺术性和审美。

3.　沟通的直观媒介——预览效果

（1）委托方与设计方的沟通

　　建筑的终极目标除了满足人类功能上的需求，还应包括呈现出美好的形态供人愉悦。从设计构思到将这一美的形态真实地构建出来却需要经过一段较长的周期，这期间，作为集群体智慧和力量逐渐完善的设计方案，主要是通过设计图纸在专业人士之间的交流与修改完善成的。而如果要让非专业人士通过阅读专业图纸来领悟该设计方案的设计理念及魅力，这几乎是不可能的。建筑与环境模型在这时就能及时上阵充当起重要的沟通角色，它很好地解决了委托方与设计方因为识图能力、空间想象能力上的差别而造成的沟通困难，有效提高双方的工作效率，图 1-49 和图 1-50 表达了设计图纸的表现样式，图 1-51 表达了模型的制作效果，通过完整的三维模型形态更好地解读图纸信息，起到良好的设计沟通作用。

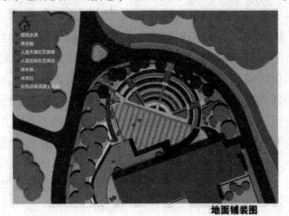

图 1-49　平面设计图

图 1-50　局部效果图

图 1-51　建筑与环境模型完成图（局部）

（2）销售方与业主的沟通

当下从房展会到大型项目的招投标现场，过去的夸张的二维图纸已经不能满足人们的需要了，相当多的专业建筑与环境模型已成为整体设计中最重要最具有参考价值的亮点，甚至会关系到设计或者项目的结果。建筑与环境模型不仅能够将设计师的设计构思直观全面地表现出来，同时还能够通过建筑与环境模型来促进设计师和业主、施工方的交流合作。建筑与环境模型拥有接近建筑实物的色泽和材料质地，再现了真实的建筑物与周围环境的结构布局。图1-52为方便销售方与业主沟通的沙盘模型，从而为设计师提供了更好的表达效果，还能通过建筑与环境模型简单直观地理解图纸中难以掌握的空间结构，使空间布局的预览更加清晰明了，更好地体现建筑与环境以及建筑内的各种详细结构布置。

图1-52　沙盘模型

二、建筑与环境模型在专业教学中的作用

1. 提升学生空间掌控能力

从事建筑与环境相关专业对学生的空间理解能力和掌控能力都有着较高的要求，而这类专业学生普遍为艺术类专业考生，具备良好的艺术素

养，但空间尺度感相对较弱，模型的设计与制作能够很好地培养学生空间感和空间掌控能力。建筑与环境模型的真实性来源于标准的比例，这是建筑与环境模型反映实体建筑的重要依据之一，同时也是建筑沙盘模型不同于一般的玩具和工艺品的主要原因。要制作完成一个标准的建筑或环境模型，必须将模型与标准图纸的尺寸同步，通过对两组数字的反复比较和不断计算，提高学生对于空间尺度的计算能力。

2. 帮助学生理解经典作品

对于典型案例的学习，应贯穿于专业学习的始终。学习大师作品，如果只是看看平面图、照片，或者是简单地浏览文字介绍，则很难深刻地理解大师的设计思路和想法。而用模型制作的方法临摹大师的作品，就能在较大程度上重现大师的创作思路，从而开阔学生的设计视野，使其站在大师的肩膀上进行学习。使用模型制作的方式再现经典的环境设计案例，学生通过设计、建造的过程，能让学生"身临其境"地感受到大师作品的震撼和伟大，对于大师的设计理念和思路有进一步的领悟。

3. 辅助学生推敲设计方案

学生在进行方案创作的时候，一般都是通过图纸来完成的，但图纸本身是二维的，用来表达三维空间有着天然的局限性，在表达某些空间的体量关系、穿插关系时，并不是很直观。另外，使用图纸对空间进行深度表达，特别是对于低年级学生来说，难度较大，使用模型制作的方式，相比制作高精度效果图和高标准的施工图，技术难度就要小很多，使用模型进行创作，也便于学生及时发现设计方案中存在的问题，从而及时加以改进，调整设计方案。

4. 丰富课程成果展示途径

使用展板、手绘等方式进行展览在呈现平面状态的设计作品展示效果的时候，很难将作品的设计思路呈现得很清楚，若增加模型的方式来进行表达，就会清晰明了地呈现作品效果，模型是更加通用的"语言"，是所有参观者都容易接受的，实体的模型呈现的效果比平面的图纸要震撼得多，丰富展览内容的同时更好地解析设计作品。

图1-53至图1-59展现了学生的动手制作过程与完成的建筑与环境模型制作效果，可有力帮助学生们提高空间掌控能力，增强动手能力的培养，辅助进行方案的推敲设计。

图 1-53　学生切割模型材料

图 1-54　学生部分完成的模型制作过程

图 1-55　学生模型作品 1

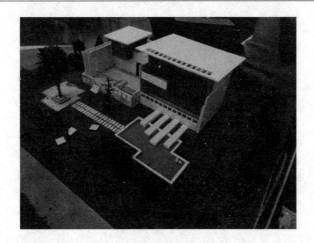

图 1-56　学生模型作品 2

图 1-57　学生模型作品 3

图 1-58　学生模型作品 4

图 1-59 学生模型作品 5

第四节 建筑与环境模型制作的类型

建筑与环境模型是创作者、设计者研究自己作品的直观表现手法，并成为建筑设计的重要手段。通过建筑与环境模型制作，可研究建筑设计本身的功能、空间的比例和色彩等诸方面关系。设计表现与设计过程的多样性、复杂性，形成了模型表现在不同的阶段所起的作用及表现的方式、类型上的差异。模型的设计表现涉及到了多种方法，各种术语会在不同的领域经常互换。我们试图按照模型在设计过程中不同阶段所起的作用来进行分类讨论，目的是加强模型表现与设计的内在联系，即模型是设计的方法和过程。在林林总总的模型分类方法中我们最主要讨论两类建筑与环境模型制作的分类形式，一类是按照设计过程的角度进行分类；另一类是按照内容的角度进行的分类。

一、按照设计过程的角度进行分类

建筑与环境模型可以分为以下三类：初步模型、标准模型和展示模型。

1. 初步模型

模型是按照设计图纸来制作，而设计图纸需要根据设计任务的要求（如面积、功能、高度、形式和风格等）解决建筑物的问题，设计者根据基本要求构思出空间结构印象做出初步草图。初步草图可以是平面图，也可以是立面图，然后以此为基础，横向或纵向发展，形成建筑物的空间立体形式。按照这些图纸就可以做出初步模型（图1-60和图1-61）。

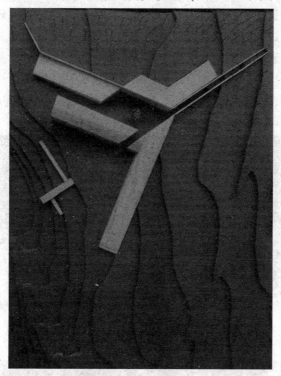

图1-60 初步模型1

图1-61 初步模型2

2. 标准模型

标准模型是在初步模型和方案完成后所使用的模型，它较前述模型对建筑物有更细致的刻画，对设计者的思想有更进一步的表达，故称它为标准模型，也叫表现模型。标准模型在整个设计过程中，处于初步模型和最终展示模型之间，起着非常重要的作用。根据扩初图或施工图制作，在材质表示和细部刻画上，要求准确表达，以便交流和修改（图 1-62 和图 1-63）。

图 1-62　标准模型 1

图 1-63　标准模型 2

3. 展示模型

展示模型可以在建筑竣工前根据施工图制作，也可在工程完工后按实际建筑物去制作。它的要求比标准模型更严格，对于材质、装饰、形式和外貌要准确无误地表示出来，精度和深度比标准模型更进一步，主要用于教学陈列、商业性陈列，如售楼（房）展示之用（图 1-64 和图 1-65）。

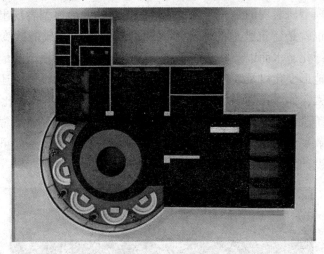

图 1-64　展示模型 1

图 1-65　展示模型 2

二、按照模型表现内容的角度进行分类

建筑与环境模型可以分为以下几种类型：地形模型、城市规划及景观类模型、建筑单体模型、室内空间模型、特殊模型等。

1. 地形模型

地形模型所表现的是一个现已成形的地形。地形模型表现出地形的基本情况，也就是建筑敷地的原有形式和因新的规划造成的改变。包括建筑、交通绿化、水面以及断层面等，又称为基地等高线模型。地形模型表现了地面地形变化以及表面，如地面街道、篱笆围墙的设置，还有按比例制作的元素，如城市建筑、车辆、人群。这些模型依照各种比例制作而成。这个阶段的概念模型就如同一块"底板"一样来接纳将要描述的建筑对象。一般来说等高线是通过粘接片层材料配置而成的，一般可以视作研究模型的设计发展基础（图 1-66）。

图 1-66　地形模型

2. 城市规划及景观类模型

城市规划及景观类模型是在地形模型的基础上来制作的，是建筑场所背景的一种模型表现形式，表现出交通、绿化和水平面、树木、森林平面，而建筑主体群则是以简单的形式呈现。城市规划及景观类模型的重点是阐明景观空间和与此相关的地形模型，还有对其特点的表现，如树木、树丛、断层面及风景里特定的建筑物，塔楼眺望的景色、堤坝和耸立的桅杆等。模型塑造的范围中例如广场、道路空间、人行道、城市景观等，总体的任务是通过强调建筑比例的分配和分类及城市空间的组成，以传达给我们直观的总体印象（图1-67）。

图1-67　城市规划及景观模型

3. 建筑单体模型

建筑单体模型主要用以表现外观元素划分的屋顶平面、建筑主体的塑造以及和地形的关联，部分以透明的方式表现出来，好让空间的视野尽可能最佳。屋顶或外观平面可以被拆解，这样就能够展现内部的空间构造。最后是楼层能够被拆卸。这样开闭的诠释和内部空间的划分都被表现得淋漓尽致。建筑主体展现了现已存在的建设状况，除了现存的建筑体外，还可能表现出交通、绿化的简单概况，这些在某种意义上似乎是为了建筑主体的外部开发而做的伏笔，模型的表现重点可视不同的目的而定，可整体地把握形式、功能、构造这三个方面加以描述（图1-68）。

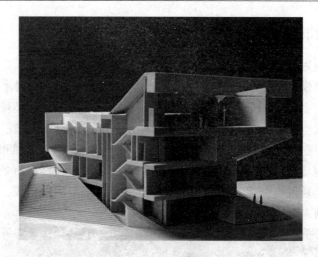

图 1-68　建筑单体模型

4. 室内空间模型

室内空间模型顾名思义就是用来研究和表现室内建筑空间及空间秩序的模型。设计者应该意识到，一座建筑物的内部空间应该被给予同外部形态一样的考虑。通常表现为居住空间和公共建筑空间的表现，通过展开建筑物并"走入"空间之中，在三维状态下观察它，可以产生许多设计思路。为了方便观察内部，模型应保持敞开，屋顶通常被去除，以便观察模型空间的内部，室内空间模型是为了展示并解决空间上、功能上和视觉上的问题而制作（图 1-69）。

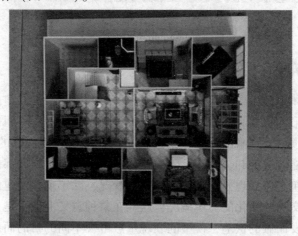

图 1-69　室内空间模型

5. 特殊模型

特殊模型是表现特殊功能、特殊用途并用特殊材料制成的一类模型。特殊模型按其形式分为动态和静态两种。动态模型要表现出设计对象的运动，显示它的合理性和规律性，如船闸模型、地铁模型等；静态模型只是表现出各部件间的空间相互关系，使图纸上难以表达的内容趋于直观，如厂矿模型、化工管道模型、码头与道桥模型等属于此类（图 1-70）。

图 1-70　特殊模型

第五节　建筑与环境模型制作的原则

建筑与环境模型拥有较强的感染力和表现力，模型选用能够充分体现建筑物质感同时营造环境氛围的材料以及先进的科学技术，通过按照一定比例缩放实物的形式，从而达到再现建筑物的三维立体效果。不但从视觉上表现设计师的设计构思，同时也能让参观者通过触觉的方式进行体验，相比于建筑物的设计效果图、立面图等表现方式要更加生动和直观，拥有更强的说服力和表现力，在模型的制作过程中要遵循如下三个原则。

1. 准确再现设计效果原则

建筑与环境模型的构思和体现手法多种多样，但是绝对不能脱离实际，构思的模型应该客观真实地反映建筑物，这是设计模型要遵守的最基本的原则，它是客观实体的需要，模型的表现能力越强，真实性的再现就会越好，就能更好地表达设计师的构思和想法，从而使参观者不再依靠想象和推理来认识建筑实物（图1-71）。

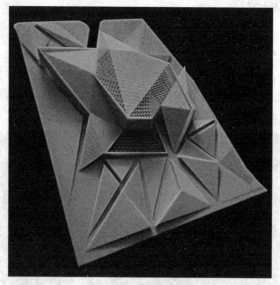

图1-71　准确再现设计效果

2. 审美性的原则

建筑与环境模型既要表现出建筑物与周围环境之间的关系，同时也要能够区分环境与建筑物，要注重它的形式美，体现建筑物与环境的整体性、统一性。为了确保建筑与环境模型在艺术上不断地趋于完美，设计师在进行构思设计时，制作的工艺必须要精致、细腻、精益求精，因为建筑与环境模型本身即是一种艺术品，所以具有一定程度的工艺性和艺术特性（图1-72）。

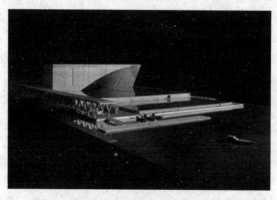

图1-72　唯美地反映设计效果

3. 预见性原则

建筑与环境模型的设计和制作应该紧跟时代发展的脚步，要拥有一定的预见性和未知感，从而给参观者留有想象的空间，让人们产生一种身临其境的感觉，进行建筑与环境模型的制作要根据用户的要求和初步构思方案，确定模型的制作用途、规模、手法、表现形式及特点，明确整体模型的最终表现效果，精心设计、精心制作，才能给决策者提供方便实用、生动形象、精确直观的地理依据（图1-73）。

图1-73　预见未来规划设计效果

第六节　建筑与环境模型未来的发展

当谈到建筑与环境模型制作的未来发展趋势时，人们似乎很难预料，或许对于样板间的各房间要模仿一天的日照状况、景观状况、下雨及打雷状况、噪声状况，以及一年四季温度的变化状况等。然而随着时代的发展和事物内在的规律来进行探析时，就建筑与环境模型的未来而言，势必在如下几个方面有着重大的发展和变化。

1. 制作工具

建筑与环境模型制作的工具是限制模型制作程度的一个重要因素，目前，在建筑与环境模型制作中，较多地采用手工和半机械化加工，加工制作工具较多地采用板金、木工的加工工具，专业制作工具屈指可数，从现在国外工具业的发展和未来的发展趋势来看，随着建筑与环境模型制作业和材料业的发展及专业化加工的需要，建筑与环境模型制作工具将向着系统化、专业化的方向发展，届时建筑与环境模型制作的水平也将得到进一步提高。

2. 表现方式

目前，建筑与环境模型制作主要是围绕着房地产业的开发、建筑设计的展示及建筑学专业的教学进行的。因此，就其表现形式上来看，是较为单一的，主要是以具象的形式进行表现的。展望未来，这种具象的表现形式仍将采用。但同时，随着人们观念上的变化和对建筑与环境模型制作这门造型艺术的深层次理解和认识，则将会产生更多的表现形式。这些表现形式，则侧重于其艺术性及纯表现主义。换言之，也就是我们常说的抽象表现形式。

3. 制造材料与工艺

材料限制建筑与环境模型的表现形式，给建筑与环境模型制作带来了一定的局限性。在今后的一段时间里，随着材料科学的发展，以及商业行为的驱使，建筑与环境模型制作所需要的基本材料和专业材料将呈现多样化趋势。建筑与环境模型制作将不会停留在对现有材料的使用上，而是探索、开发、使用各种新材料。模型制作的半成品材料将随着建筑与环境模型制作的专业化而日渐繁多。

手工模型制作是一种传统制造方法，当电脑雕刻机被应用于建筑与环境模型制作时人们便产生了各种不同的看法，甚至有人认为，电脑雕刻机的出现将取代手工制作。其实不然，从目前来看，电脑雕刻机决不能取代手工制作，因为，电脑雕刻机只能进行平面、立面的各种加工，况且，电脑雕刻机完成的只是制作工艺中的某一环节。因此，可以断言，未来的建筑与环境模型制作将会呈现传统的手工制作和现代化高科技制作相互补充，互为一体的趋势。

总之，未来的建筑与环境模型制作，无论是在表现形式上，还是在工具、材料及制作工艺上，必将会全方位发生变化。因此，作为模型制作者也应随着这些变化而变化，通过大家的努力，共同繁荣和发展这门古老而又年轻的造型艺术。

第二章　建筑与环境模型制作材料、工具及辅助设备

　　材料与设备是建筑与环境模型设计制作的物质基础。模型因其性质及阶段的不同，所使用的材料及制作工艺也有差异。因表现手段的差异所要求的材料属性是不相同的，因此，选择适当的材料及工艺来制作模型是必要的。

　　建筑与环境模型制作的材料按照材料的使用特性通常可分为建筑结构框架材料、建筑表面装饰材料、环境装饰材料、底盘材料等。按材料的物理化学成分可分为纸质材料、木质材料、金属材料、塑质材料、色彩涂料、黏合剂等类别，本章将详细介绍制作建筑与环境模型常用的材料、工具、设备与制作场所的要求。

第一节　建筑与环境模型制作常用材料

1. 纸制材料

（1）卡纸

　　卡纸有光面纸和纹面纸、白卡纸和颜色卡纸、水彩卡纸和双面卡纸之分，常用于制作建筑的骨架、桥栏杆、阳台、楼梯扶手、组合家具等。模型制作时用作骨架、地形、高架桥等能以自身强度稳固的物体。白卡纸还常用来制作概念模型，单一的色彩更容易突出模型的造型变化（图 2-1 和图 2-2）。

（2）绒纸

　　绒纸用于制作模型上的草坪、绿地、球场和底盘台等。另外市场上还有一种新型绒纸即时贴，自带不干胶，剪下来即可使用（图 2-3）。

图 2-1 卡纸及其厚度型号

图 2-2 彩色卡纸

图 2-3　草皮绒纸

（3）墙面贴纸

适用于室内建筑中墙面、屋顶的仿真装饰（图 2-4）。

图 2-4　墙面贴纸

（4）瓦楞纸

瓦楞纸选用品牌优良的牛皮纸或纸袋制成，呈波纹状态，分单层和多层两种。瓦楞纸的波浪越小越细，也就越坚固。单层瓦楞纸呈波浪形，多层瓦楞纸的上面为波浪形，下面为平板形。瓦楞纸的特点：材质轻，具有良好的弹性、韧性和凹凸的立体感（图 2-5）。

图 2-5　瓦楞纸

（5）镭射纸

镭射纸是模仿镭元素制成的新型装饰纸质材料，常见的为金色和银白色，具有光泽和结晶，在光线照射下具有放射性闪光的视觉效果，在模型表现中常用于建筑外墙的装饰。在制作中镭射纸通常代替铝板等反光感较强的现代材料（图 2-6 和图 2-7）。

图 2-6　银白色镭射纸

图 2-7　金色镭射纸

（6）不干胶纸

不干胶纸颜色花纹多样，用于建筑模型的窗、道路、建筑小品、房屋的立面和台面等处的装饰（图 2-8）。

图 2-8　不干胶纸作品

2. 木质材料

制作建筑与环境模型所使用的木材一般分为两种，一种是人造板材，如密度板（图 2-9），一种是实木薄板材，如椴木板、松木板（图 2-10）。

在进行模型制作中通常利用不同厚度的木板直接制作模型，薄木板经过多层胶合有一定韧性。使用木板制作素模基本都有较好的质感，表面平整又具有强度，黏合后便于搬运。但木板手工切割比较费力，通常建议借助机器进行切割。

图 2-9　密度板

图 2-10　椴木板

3. 塑质材料

（1）有机玻璃板

有机玻璃板是玻璃态高透明度的透明固体，其产品有板材、管、棒等，可以做成无色透明或五颜六色的，也可以做成烛光、哑光、荧光、夜光等产品。有机玻璃的种类较多，厚度有 1mm、2mm、3mm、4mm、5mm、8mm 几种，最常用的为 1~2mm。虽然有机玻璃价格较高，但是制作出　的模型挺拔、光洁、美观精致，是制作高档建筑模型及长期保存模型的理想材料（图 2-11 和图 2-12）。

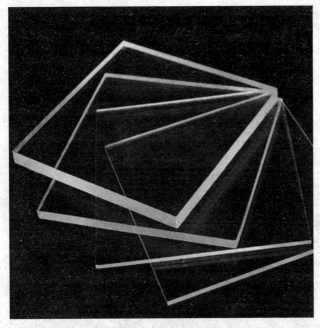

图 2-11　有机玻璃板

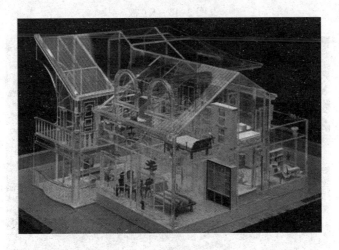

图 2-12　有机玻璃模型

（2）KT板

KT板是由PS颗粒经过发泡生成板芯，KT板板芯的颜色常用的有白色和黑色，经过表面覆膜压合而成的一种新型材料。板体挺括、轻盈、不易变质、易于加工，并可直接在板上丝网印刷（丝印板）、油漆（需要检测油漆适应性）、裱覆背胶画面及喷绘，广泛用于广告展示促销、建筑装饰、文化艺术及包装等方面。这种板材的缺点是材质较软，在制作过程中容易产生表面痕迹而影响美观，因此在模型制作中常被用来制作初期模型，用于设计方案的探讨（图2-13和图2-14）。

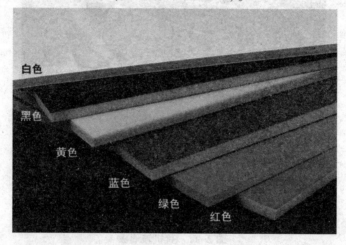

图2-13　KT板

图2-14　KT板模型制作

（3）雪弗板

雪弗板又称为 PVC 发泡板（PVC expansion sheet）或安迪板。以聚氯乙烯为主要原料，加入发泡剂、阻燃剂、抗老化剂，采用专用设备挤压成型。雪弗板可与木材媲美，且可锯、可刨、可钉、可粘，还具有不变形、不开裂、不需刷漆（有多种颜色）等特点（图 2-15）。

图 2-15　雪弗板

（4）PVC 板材

主要成分为聚氯乙烯，另外加入其他成分来增强其耐热性、韧性、延展性等。加上不同的合成材料可制作成不同的实用材料。用于模型制作的 PVC 板基本有一定柔韧性，同时又比 KT 表面板强度高，不易受损，因此手工制作的模型更加美观，也可用于制作有一定弯曲的模型（图 2-16）。

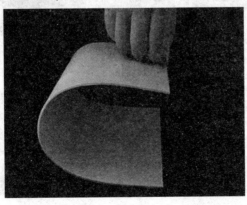

图 2-16　PVC 板

（5）ABS 高分子工程塑料板

ABS 工程塑料具有优良的综合性能，有极好的耐冲击强度、尺寸稳定性、电性能、耐磨性、抗化学药品性、染色性，成型加工和机械加工性较好（图 2-17 和图 2-18）。

图 2-17　ABS 工程塑料板

图 2-18　ABS 模型制作

（6）海绵、泡沫塑料（挤塑板）

海绵经染色后，是制作比较复杂的山地、沙滩、树木等的理想材料（图2-19）。

图2-19　海绵、泡沫塑料

4. 金属材料

建筑与环境模型中使用的金属材料受到价格偏高、手工制作困难等影响，通常作为模型的部分装饰使用。常用的金属板材为铝板（图2-20）。铝板一般需要借助多种工具和切割机完成材料的切割与成型。加工较为容易的金属线材，如铁丝等通常用来制作建筑与环境制作的配景使用（图2-21）。

图2-20　铝板

图 2-21　铁丝

5. 黏合剂

不同材料的特性有较大的区别，要根据材料的特性选用不同的黏合剂。在使用不同的黏合剂时要考虑有些黏合剂可以填补较小空隙或是裂缝。这样的黏合剂常用的有两种类型，一种是溶剂黏合剂，这种黏合剂本身只是一种化工溶剂，一般有易燃、易挥发、有毒的特点；另一种为强力黏合剂。

（1）502 胶

502 胶又称瞬间快干胶，不必将物质长时间握持或紧压。瞬间胶的使用很方便，主要用来黏结各种塑料、木料、纸料（图 2-22）。

图 2-22　502 胶

（2） UHU 胶

UHU 胶基本适用于所有材质，比较适合手工制作的黏结剂。黏结干化时间比 502 胶长，有充足的时间调整物体位置，且不会被吸水材质过度吸收而浪费胶水，价格略高于 502 胶（图 2-23）。

图 2-23 UHU 胶

（3） 热熔胶

热熔胶枪具有多种多样的喷嘴以适应多种不同的待黏合面。热熔胶枪在接通电源后迅速加温，溶解胶条涂抹在待黏合物体表面，胶水降温后即可黏合物体。可以用于粘接皮革、玻璃、金属、木材、纺织品、塑料等材料，黏合速度非常迅速，缺点是需要用电加热，使用不慎容易发生烫伤、漏电等危险（图 2-24）。

图 2-24 热熔胶枪

（4）万能胶

万能胶又称立时得，主要黏结夹板、防火胶板。黏合时需将待黏体清洗干净，用刮刀（也可用夹板条或金属片）将胶液刮涂于被黏体表面，待10~15分钟凝固后再黏合并稍加压力（图2-25）。

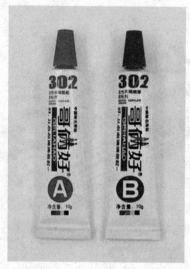

图2-25　万能胶

（5）乳胶

乳胶又称白胶，为白色胶浆，这种黏合剂的使用前提是至少有一种材质是可以透气的，溶剂的水分才能蒸发。它凝固较慢（约24小时）常用于大面积黏合木料、墙纸和沙盘草坪（图2-26）。

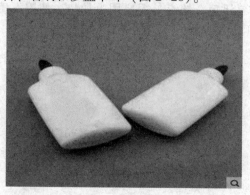

图2-26　乳胶

（6）三氯甲烷

三氯甲烷又称氯仿，是 ABS、PVC、有机玻璃等材料的溶剂黏合剂（图 2-27）。

图 2-27　三氯甲烷

第二节　建筑与环境模型制作常用工具

1. 切割工具

（1）常用刀具类

①美工刀。又称为墙纸刀，主要用于切割纸板、卡纸、吹塑纸、软木板、即时贴等较厚的材料（图 2-28）。

图 2-28　美工刀

②钩刀。用于切割有机玻璃、亚克力板、胶片和防火胶板的主要工具（图2-29）。

图2-29 钩刀

③手术刀。主要用于各种薄纸的切割与划线，尤其是建筑门窗的切、划（图2-30）。

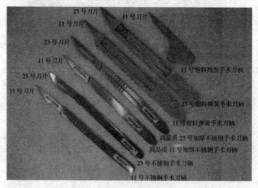

图2-30 手术刀

④木刻刀。用于刻或切割薄型的塑料板材（图2-31）。

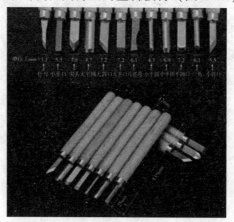

图2-31 木刻刀

⑤剪刀。用于裁剪纸张、双面胶带、薄型胶片和金属片的工具。根据用途通常需要几把不同型号（图2-32）。

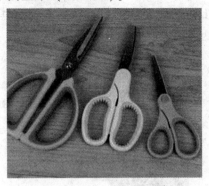

图 2-32　剪刀

（2）手锯类

木工锯是加工木材工件主要的工具之一，锯条两端用旋钮固定在框架上，并可用它调整锯条的角度（图2-33）。钢锯使用时将锯条安装在锯架上，一般将齿尖朝前安装锯条，锯架有固定长度和可调长度两种，可调长度的锯架有三个档位，分别适用于三种长度的锯条，一般可切断较小尺寸的工件（图2-34）。

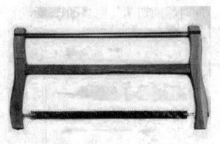

图 2-33　木工锯

图 2-34　钢锯

（3）切割电动工具

曲线锯主要用于切割金属和木材，切割木材及其他木制品时效率更高，切割很快而且切屑处理能力更强（图2-35）。

图2-35　曲线锯

2. 度量工具

（1）T形尺

用于测量尺寸，同时辅助切割（图2-36）。

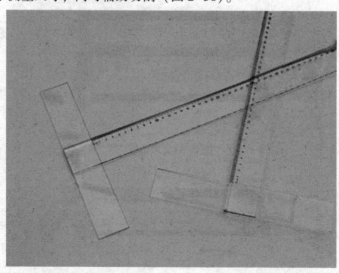

图2-36　T形尺

（2）三角板、圆规、量角器等

用于测量平行线、平面、直角，画圆、曲线等（图2-37）。

图2-37　三角板、圆规、量角器

（3）钢角直尺

画垂直线、平行线与直角，也用于判断两个平面是否相互垂直，辅助切割（图2-38）。

图2-38　钢角直尺

（4）卷尺

用于测量较长的材料（图2-39）。

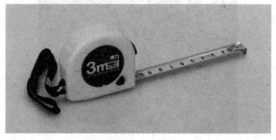

图2-39　卷尺

3. 打磨工具

(1) 砂纸

用于研磨金属、木材等表面，以使其光洁平滑。根据不同的研磨物质，有干磨砂纸、耐水砂纸等多种。干磨砂纸（木砂纸）用于磨光木、竹器表面。耐水砂纸用于在水中或油中磨光金属表面（图 2-40）。

图 2-40　砂纸

(2) 锉刀

用于修平和打磨有机玻璃和木料。分为木锉与钢锉，木锉主要用于木料加工，钢锉用于金属材料与有机玻璃加工。按锉的形状与用途，可分为方锉、半圆锉、圆锉、三角锉、扁锉、针锉，可视工件的形状选用。按锉的锉齿分粗锉、中粗锉和细锉。锉的使用方法有横锉法、直锉法和磨光锉法（图 2-41）。

图 2-41　锉刀

（3）砂轮机

在模型制作中能快速打磨、修正模型外形（图2-42）。

图2-42　砂轮机

4. 夹持工具

（1）台钳

台钳用于夹持、固定加工工件或者扭转、弯曲一类的手工工具，常用的有台虎钳（图2-43）。

图2-43　台钳

（2）平口钳

这是一种装夹工具，不用固定台面上，可以随意移动使用。一般用来加工较精密的工件（图2-44）。

图2-44　平口钳

5. 其他材料

（1）绘图笔

铅笔用于做记号，在卡纸材料上通常使用较硬的铅笔（H～3H）（图2-45）。彩色铅笔是一种非常容易掌握的涂色工具，画出来效果较淡，清新简单，一般用于模型制作中特殊位置标记，便于用橡皮擦去（图2-46）。

图2-45　铅笔

图 2-46　彩色铅笔

（2）镊子

制作细小构件时需要用镊子来辅助工作（图 2-47）。

图 2-47　镊子

（3）清洁工具

模型制作过程中，模型上会落有很多毛屑和灰尘，还会残留一些碎屑。可以用板刷、清洁用吹气球等工具来清洁处理（图 2-48 和图 2-49）。

图 2-48　板刷

图 2-49　清洁用吹气球

（4）喷漆

用于模型物体表面的喷色处理。市场上的罐装手持喷漆，颜色多样，价格也不高，非常实用（图 2-50）。

图 2-50　手持喷漆

（5）人物、交通工具和家具成品模型

人物模型有很多种材质，有木质、亚克力、陶土和铁丝等。在选择时要考虑人物和周围环境的比例模数。交通工具模型可购买不同比例尺度及种类的汽车模型（图 2-51 至图 2-53）。

图 2-51　人物

图 2-52　交通工具

图 2-53　家具成品模型

第三节 建筑与环境模型制作辅助设备

1. 微型机床切割机

相比手工切割，使用小型或者微型机床进行切割能够更好地提升工作效率，同时，使用高精度的锯片，能够使切割面更加整齐、平整。微型切割机搭配不同的锯片，能够用于切割比较厚、硬的板材（图2-54）。

图2-54 微型机床切割机

2. CNC数控加工机床

CNC数控加工机床可快速切割塑料、木材、金属等常用模型制作材料，设备通过数据传输进行外轮廓雕刻（图2-55）。

图2-55 CNC数控加工机床

3. 快速成型机

快速成型机也可称为3D打印机，通过三维软件制作建模，传输到3D打印机中，能够快速准确地打印出理想模型，是模型制作中常用的设备（图2-56）。

图2-56　快速成型机

第四节　建筑与环境模型制作场所

模型制作有一定的空间要求。模型的底盘制作及单体制作均需要充足的空间，以便切割工具、喷漆工具进行操作。同时应为大型模型各单体的放置提供空间。模型制作需要有良好的工作台和照明环境。有些材料、胶水受到高温、长时间光照容易发生变形、变色等状况，故模型存放场所不宜有过强的光照，模型应当保存于阴凉、干燥且远离明火的地方（图2-57）。

图2-57　制作场所

第三章 建筑与环境模型制作程序与方法

建筑与环境模型设计与制作，设计师应具备较高的艺术和美学修养，同时需要对模型制作的工艺、材料、色彩有敏锐的感受力和控制力。因此，它是一项艺术性、技术性、创新性很强的设计制作工程，它的构成要素涉及到功能、用途、形态、比例、色彩、材料、结构、工艺、设备、经济等。这些是影响模型设计与制作水准的重要因素。

建筑与环境模型的设计制作，无论是哪种类型的模型，通常可分为下列几个阶段来组织实施：建筑与环境模型制作项目确定与制作准备、底板的制备、配景及建筑主体的制作、组装与装饰。

第一节 项目确定与制作准备

一、项目确定

模型创作的实质是设计的过程，是产生、推敲、交流设计思想的信息载体与手段，模型的功能因素是模型设计制作的根本和出发点，确定项目实际是确定环境模型的类别。建筑与环境模型的设计制作要充分考虑不同使用对象的具体要求，不同性质和用途的模型有着不同的制作方法和选材，制作出的建筑与环境模型的效果也不尽相同。图3-1为用于推敲设计方案类型的模型，大多选择纸板、KT板或PVC板等材料。图3-2为用于概念性表达模型，为追求艺术表现效果可选择木质材料。图3-3为进行环境展示性的模型，大多选择ABS板材等作为主材。

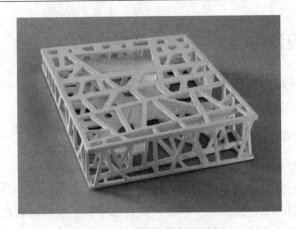

图 3-1　设计构思性质的模型

图 3-2　概念性质的模型

图 3-3　展示性质的模型

二、设计构思

建筑与环境模型制作的设计构思包括比例的设计构思、形体的设计构思和材料的设计构思共三部分内容。

1. 比例的设计构思

一件成功的模型作品离不开准确的尺寸与适当的比例。一般根据建筑与环境模型的使用目的及建筑与环境模型面积来确定具体的比例关系。由于模型的比例涉及它的面积、精度、花费等要素，很难对其提出统一的要求。一般来说，区域性的都市模型宜用 1∶1000~1∶3000 的比例；群体性的小区模型宜用 1∶250~1∶750 的比例；单体性的建筑与环境模型宜用 1∶100~1∶200 的比例；别墅性的建筑与环境模型宜用 1∶5~1∶75 的比例；室内性的空间内构模型，宜用 1∶20~1∶45 的比例。通常适合制作的建筑图纸往往不能直接用于模型的制作，制作模型前需要对图纸进行比例的缩放，选取适合的比例尺寸（图 3-4 至图 3-6 表现不同比例的模型效果）。

图 3-4　1∶35 比例的模型

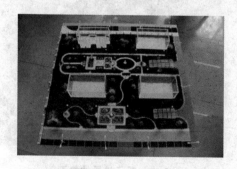

图 3-5　1∶300 比例的模型

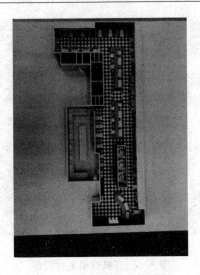

图 3-6 1：150 比例的模型

2. 形体的设计构思

真实建筑缩小后在视觉上会产生一定的误差。一般地说，采用较小的比例制作而成的单体建筑与环境模型，在组合时往往会有不协调之处，应适当地进行调整。

3. 材料的设计构思

在制作建筑与环境模型之前要选择好相应的材料。应根据建筑设计的特点，选择能够仿真的材料，在选择材料时，既要求材料在色彩、质感、肌理等方面能够表现设计的真实感和整体感，又要求材料具备便于艺术处理的品质（图 3-7 至图 3-10 展现不同主材质制作模型的效果）。

图 3-7 雪弗板主材模型

图 3-8 　有机玻璃主材模型

图 3-9 　ABS 主材模型

图 3-10 　椴木板主材模型

三、制作准备

1. 图纸准备

　　根据制作要求，让设计方提供制作所需要的全部图纸。其中包括总平面图、单体建筑平面图、立面图等，在上述图纸搜集完毕后，逐一地将图纸放至制作的实体比例，并对关键部位的数据进行核查（图 3-11 至图 3-13 展示用于模型制作的各类图纸）。

图 3-11　用于模型制作的总平面图

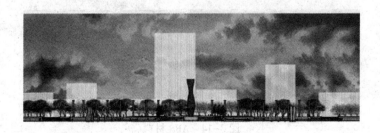

图 3-12　用于模型制作的立面图

图 3-13 用于模型制作的效果图

2. 材料准备

根据设计方提供的图纸、要求、表现形式及模型制作比例，准备主材和辅材。辅材类的准备也应随着主材类的档次、制作内容进行合理配置（图 3-14 至图 3-17 展示制作各类模型所使用的主材）。

图 3-14 ABS 材料

图 3-15 雪弗板材料

图 3-16 有机玻璃材料

图 3-17　椴木板材料

第二节　模型图纸的设计

　　图纸设计分两个主要方面进行，一方面是进行图纸的分解，分解图纸是指将建筑的平面、立面施工图进行单面的分解，通常使用 Auto CAD 软件来绘制板材雕刻的图纸，它需要先对整个建筑与环境模型有一个整体的认识。然后认真分析需要单独雕刻的平面或立面，如果图纸分解得不准确，将直接影响后续的工作。图纸分解中要非常注意粘贴制作的流程以及所使用板材的厚度，图 3-18 展现方案设计的平面图纸，图 3-19 是根据平面图纸进行设计的墙体分解图，图 3-20 是利用 CNC 数控雕刻进行模型材料的切割。图纸设计的另一方面的任务是进行材质的设计与制作，材质的设计与制作也是通过计算机辅助设计的办法来实现的，图 3-21 展现方案设计平面图，图 3-22 是利用平面图纸的精确尺度做设计准备，在 photo-shop 软件中采用图案填充的办法进行材质的贴覆，填充完成后的图纸如图 3-23 所示，可以使用背胶纸进行打印，方便材质的贴覆。

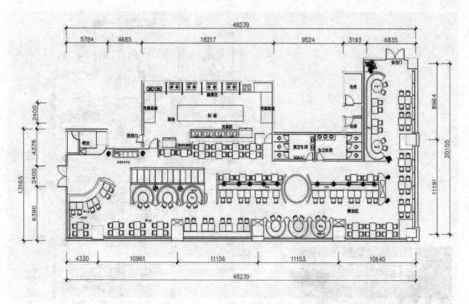

图 3-18 设计方案的平面布局图 1

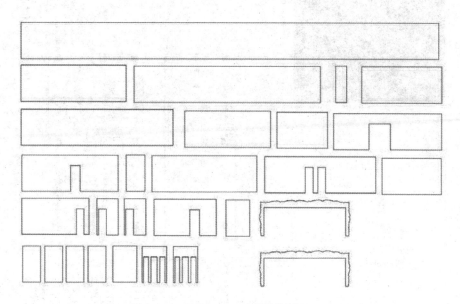

图 3-19 利用平面设计的墙体雕刻图

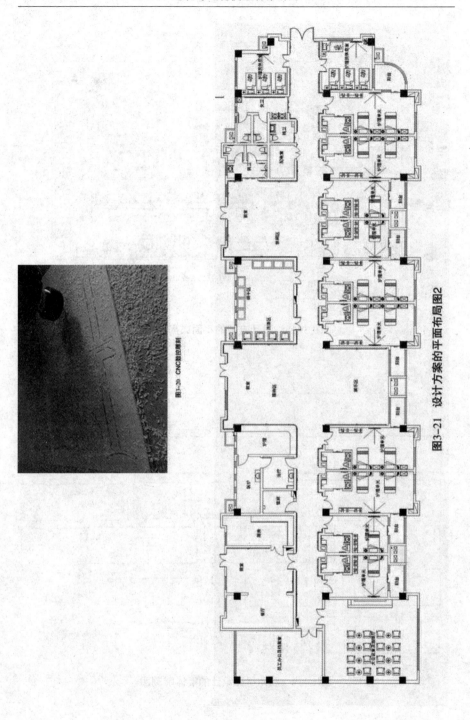

图3-20 CNC数控雕刻

图3-21 设计方案的平面布局图2

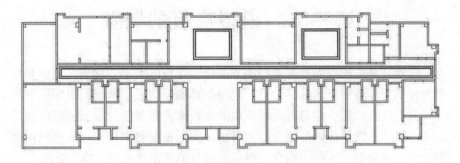

图 3-22 利用平面图做材质图案填充准备

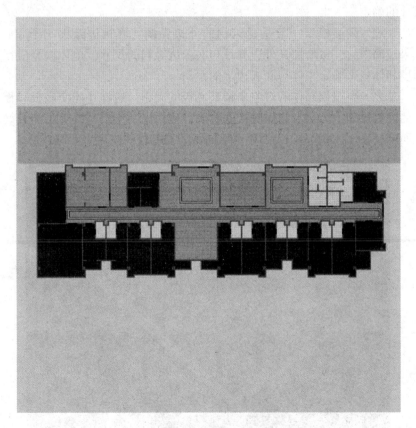

图 3-23 环境模型制作中材质的设计图纸

第三节　模型底板的制备

　　建筑与环境模型底板是模型的一部分，底板的大小、材质、风格直接影响建筑与环境模型的最终效果。建筑与环境模型底板的制备根据模型的表现目的进行选择，通常可使用整块的木板或者高密度的苯板进行底板的制备，根据图纸及标牌等综合因素考虑，实际板面制作尺寸应能反映模型表现全貌并与制作比例相吻合，也可对板材的切割面进行装饰与处理。

　　建筑与环境模型的标题一般摆放在模型制作范围内，其内容详略不一，所以在制作模型底板时，应根据标题的具体摆放位置和内容详略进行尺寸的确定。

　　景观规划类模型一般是建筑物的外边界线与底板边缘不小于10cm。如果板面较大，可增加其外边界线与底板边缘间的尺寸。单体模型应视其高度和体量来确定主体与底板边缘的距离。

　　总之，要根据制作的对象来调整底板的大小，这样才能使底板和板面上的内容更加一体化。制作底板的材质，应根据制作模型的大小和最终用途而定（图3-24至图3-26展示不同材质的底板的应用）。

图 3-24　使用密度板制作底板

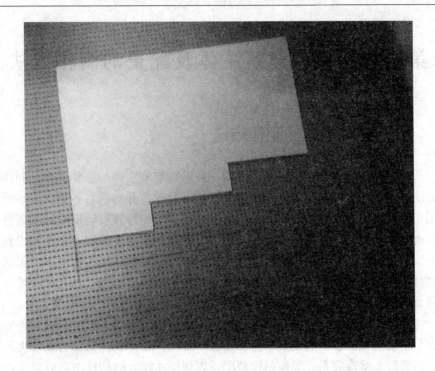

图 3-25　使用挤塑板制作底板

图 3-26　使用 ABS 板制作底板

第四节　模型建筑主体及配景的制作方法

一、建筑主体的制作方法

在制作建筑单体时，虽使用不同材料进行建筑主体的制作，但是制作方法基本相同，同样是将建筑单体平面进行分解，分解后将各个二维平面用拓印画线的办法描绘在选定的板材上，或者绘制计算机辅助设计图形进行机械化切割的准备，在画线时，除了要考虑画线的准确度，还要考虑到由于对接形式而引起的板材尺寸的变化。进行板材的切割过程中，手工切割时一般是先划后切，先内后外，使用刀具时用力要均匀，划痕深浅要一致。采用机械化雕刻切割时注意板材的尺寸变化。

画线与切割工作完成后即可进行建筑单体的组织了，组装是将制作完的平立面组合成三维的建筑单体，在这一阶段，要特别注意面与面、边与边的平行、垂直关系，确保制作精度，遇到尺寸较大的构件内部应加支撑物，以防止构件变形（图 3-27 至图 3-30 展示不同材料制作建筑单体的效果）。

图 3-27　木板材建筑主体制作

图 3-28　ABS 板材建筑主体制作

图 3-29　PVC 板材建筑主体制作

图 3-30　雪弗板建筑主体制作

二、建筑配景的制作方法

　　建筑与环境模型配景通常包括树木、游泳池、假山、路灯、围栏等。其中，制作量最大的是树木，主要用于行道树的处理。假山制作可选用一些形、体量合适的石子，洗净后堆积即可。根据模型类别和比例，路灯制作可按其尺度，选用 1mm 圆棒，根据造型进行制作。配景可以用具体的制作方法进行制作，也可以选择合适比例的成品模型直接使用（图 3-31 至图 3-36 展现各种模型配景的制作效果）。建筑配景的具体制作方法详见第四章。

图 3-31 树木配景制作 1

图 3-32 树木配景制作 2

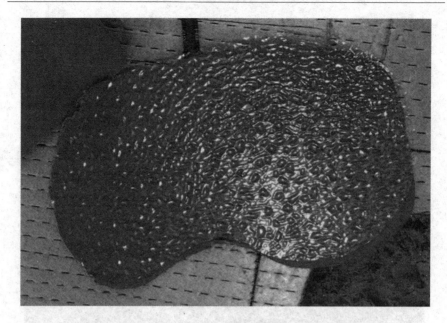

图 3-33　游泳池配景制作

图 3-34　假山配景制作

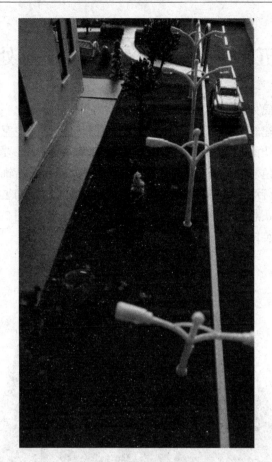

图 3-35　路灯制作

图 3-36　围栏配景制作

第五节 模型的色彩与表面处理

色彩与表面处理是建筑与环境模型制作的重要内容之一。色彩的表现是在模拟真实建筑的基础上，注意对视觉艺术的运用，注意色彩构成的原理，即色彩的功能、色彩的对比与调和色彩设计的应用。要表达出建筑与环境模型外观色彩和质感效果，必要时需要进行外表的涂饰处理。对建筑与环境模型进行涂饰，不但要掌握一般的涂饰材料和涂饰工艺知识，更主要的应了解和熟悉各种涂饰材料及工艺所产生的效果（图3-37至图3-39为模型的表面装饰）。

图3-37 瓦楞纸表面装饰

图3-38 彩色贴纸表面装饰

图 3-39　手喷漆表面装饰

第六节　模型的组装与完成

在进行建筑单体组合时，应结合后期喷色工序整体考虑，若建筑结构或空间构成的单体造型复杂，立面凹凸变化较大，或与整体模型色彩颜色差异比较大的时候，需要将建筑物整体分解成若干个组进行组装，待喷色后再进行组与组的贴接。减少面的转折，才能确保平立面各个部分着色一致、色彩均匀。室内等空间类型的模型在进行组装时，由墙面开始进行，从设计的一侧向另一侧依次进行组装（图 3-40 至图 3-42）；景观规划类模型在进行组装时，应由建筑中心开始向外侧地面进行辐射，完成建筑物的制作后，进行路网与大面积绿地的制作。绿地通常采用的是草皮绒纸，其做法是先将草皮按其形状剪裁出来，在纸基面喷上喷胶并贴于相应的位置；随后进行树木的栽种（图 3-43 至图 3-45）。

图 3-40　室内空间模型组装 1

图 3-41　室内空间模型组装 2

图 3-42　室内空间模型组装 3

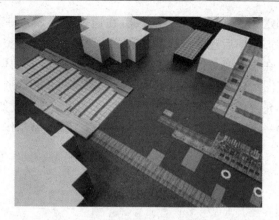

图 3-43　景观规划类模型组装 1

图 3-44　景观规划类模型组装 2

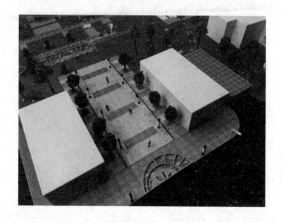

图 3-45　景观规划类模型组装 3

　　模型全部定位、粘接完毕，应放置在通风处干燥，一般应在 12h 以上。组装和装饰完毕后还要进行清理和总体调整。总体调整主要是根据实际视觉效果，在不改变总体方案的原则下，调整局部与整体的关系。全部做好后要根据图纸依次进行检验，直至达到要求为止。检验合格后用清洁工具清理，不允许留存加工的碎料、污垢、灰尘等。一般如制作期允许，调整最好相隔一定的时间进行。在总体调整后，该模型制作全部结束。

第四章 建筑与环境模型配景制作

第一节 地形的制作

建筑地形从形式上一般分为平地和山地两种地形。平地地形没有高差变化，一般制作起来较为容易，而山地地形则不同，因为它受山势、高低等众多无规律变化的影响而给具体制作带来很多的麻烦。因此，一定要根据图纸及具体情况，先策划出一个具体的制作方案，再进行设计制作表现。

一、表现形式

在制作山地地形时，表现形式一般是根据建筑主体的形式和表示对象等因素来确定。山地地形的表现可以有具象表现形式和抽象表现形式两种，一般用于展示的模型其主体较多地采用具象表现形式，使地形与建筑主体的表现形式融为一体；对于用抽象的手法来表示山地地形的情况并不是很多，要求

图4-1 具象形式的山地表现

制作者要有较高的概括力和艺术造型能力，而且还要求观赏者具有一定的鉴赏力和建筑专业知识（图4-1和图4-2为山地的表现）。

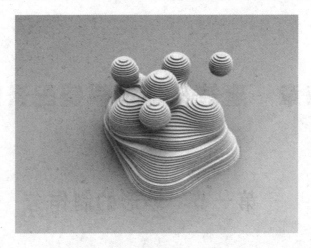

图 4-2　抽象形式的山地表现

二、制作选材

选材是制作山地地形时一个不可忽视的因素。在选材时，要根据地形和高差的大小而定。这是因为就山地地形制作的实质而言，它是通过材料堆积而形成的。比例、高差越大，材料消耗越少。反之，比例、高差越小，材料消耗越少。若材料选择不当，一方面会造成不必要的浪费，另一方面会给后期制作带来诸多不便。所以，在制作山地地形时，一定要根据地形的比例和高差合理地选择制作材料（图 4-3 至图 4-6 为制作山地的常用材料与表现）。

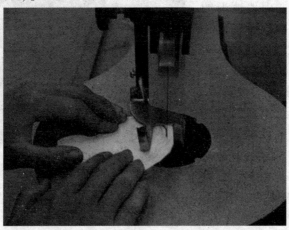

图 4-3　使用卡纸切割进行山地制作

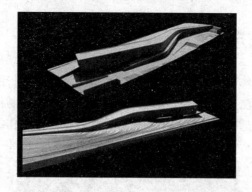

图 4-4 卡纸山地的表现

图 4-5 使用挤塑板进行山地制作

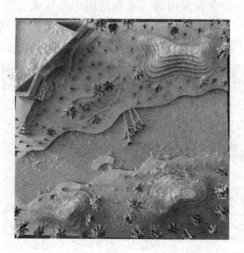

图 4-6 使用雪弗板进行等高线山地制作

三、制作方法

山地地形制作有很多种方法，常用的也是最简单易行的方法就是堆积制作法，具体做法是：等高线山地的表现是先根据模型制作比例和图纸标注的等高线高差选择好厚度适中的板材，然后将需要制作的山地等高线描绘于板材上并进行切割，接着便可按图纸进行拼粘（图4-7）。

图4-7　等高线山地的制作

采用具象的手法来表现山地，通常使用泡沫板或挤塑板进行山地的堆积，根据需要形态进行即可，注意山地的原有形态，表现手法要有变化，堆积后，原有的等高线要依稀可见（图4-8至图4-10）。

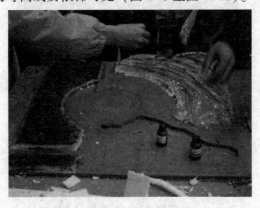

图4-8　山地制作

图 4-9　泡沫板山地拼接

图 4-10　挤塑板山地拼接

四、注意事项

山地地形制作时，其精度应根据建筑物的主体的制作精度和模型的用途而定。作为工作模型，它是用来研究方案，并作为展示用的。所以，一般山地地形只要山地起伏及高度表示准确就可以了，无须做过多的修饰。作为展示模型，除了要把山地的起伏及高差准确地表现出来外，还要在展示时给人们一种形式美。

制作山地地形还应结合绿化来考虑。有时我们刻意雕琢的山地地形，通过绿化后，裸露的地形已廖廖无几了。所以把绿化因素考虑进去会免去做很多的无用功（图 4-11）。总而言之，山地地形在整个模型中属次要方面，在掌握制作精度时切不可以喧宾夺主。

图 4-11　山地绿化

第二节　绿化的制作

绿化形式多种多样，其中包括树木、树篱、草坪、花坛等，表现形式各不相同，就绿化的总体而言，既要形成一种统一的风格，又不要破坏与建筑主体间的关系。

用于建筑与环境模型绿化的材料品种很多。常用的有植绒纸、即时贴、大孔泡沫、草粉等。目前，市场上还有各种成型的绿化材料，其实在生活中的很多物品，甚至是废弃物，通过加工，也可以成为绿化的材料。下面介绍几种常用的绿化形式和制作方法。

一、绿地

绿地在整个盘面所占的比重是相当大的。在选择绿地颜色时，要注意选择深绿、土绿或橄榄绿较为适宜。因为选择深色调的色彩显得较为稳重，而且还可以加强与建筑主体、绿化细部间的对比。模型制作中要通过其他绿化配景来调整色彩的稳定性。此外在选择绿地色彩时，还可以根据建筑主体的色彩采用邻近色的手法来处理（图 4-12 和图 4-13）。

图 4-12　绿地制作样式 1

图 4-13　绿地制作样式 2

　　绿地虽然占盘面的比重较大，但在色彩及材料选定后，制作方法也较为简便。首先按图纸的形状将若干块绿地剪裁好（图 4-14 和图 4-15）。如果选用植绒纸做绿地时，使用时一定要注意材料的方向性，因为植绒纸方向不同，在阳光的照射下，则呈现出深浅不同的效果。

图 4-14　绿地剪裁 1

图 4-15　绿地剪裁 2

　　待全部绿地剪裁好后，便可按其具体部位进行粘贴。粘贴时一定要把气泡挤压出去。如不能将气泡完全挤压出去，不要将整块绿地揭下来重贴，可用大头针在气泡处刺小孔进行排气，这样便可以使粘贴面保持平整。在选用仿真草皮或纸类作绿地进行粘贴时，要注意黏合剂的选择（图4-16 和图 4-17 为绿地的粘贴）。

图 4-16　绿地粘贴 1

图 4-17　绿地粘贴 2

二、山地绿化

　　山地绿化与平地绿化的制作方法不同。平地绿化是运用绿化材料一次剪贴完成的。而山地绿化，则是通过多层制作而形成的。

　　山地绿化的基本材料常用自喷漆、绿地粉、胶液等。具体制作方法是：先将堆砌的山地造型进行修整，随后使用绿色自喷漆做底层喷色处理，或使用颜料进行底色的涂刷。上颜色的过程中要注意均匀，待第一遍上色完成后，及时对造型部分的明显裂痕和不足进行再次修整，通过反复修整达到满意效果。待表面颜色完全干燥后，便可进行表层的具体制作（图4-18和图4-19为山地绿地的上色）。

图4-18　山地绿地的上色

图4-19　山地绿地制作与上色

绿地表层制作的方法是：先将胶液（胶水或白乳胶）用板刷均匀涂抹在喷漆层上，然后将调制好的绿地粉均匀地撒在上面。在铺撒绿地粉时，可以根据山的高低及朝向做些色彩的变化。干燥后，将多余的粉末清除，对缺陷再稍加修整，即可完成山地绿化（图4-20）。

图4-20　表层制作基本完成

三、树木

树木是绿化的一个重要组成部分。大自然中，树木的种类、形态、色彩千姿百态。

我们要把大自然的各种树木浓缩到建筑与环境模型中，这就需要模型制作者要有高度的概括力及表现力。在树木的造型方面，要源于大自然中的树；在表现上，要高度概括。

1. 用海绵制作树的方法

海绵是细孔泡沫塑料的一种，这种泡沫塑料密度较大，孔隙较小。利用这种材料制作的树木通常是对树木抽象的表现，通过高度概括和比例尺的变化而形成的一种表现形式，在具体制作中，只要将泡沫塑料按其树冠的直径比例关系剪成若干个小方块，形成树球并加上树干便可（图4-21至图4-24），一般这种树木常与树球混用。采用不同质感的材料可以丰富树木的层次感。

图 4-21　海绵树 1

图 4-22　海绵树 2

图 4-23　海绵树 3

图 4-24　海绵树 4

2. 用铁丝制作树的方法

前面讲到的用海绵制作树的方法适用于抽象的表现树木造型，若要制作具象形态的树木，更好的办法是使用铁丝等材料来制作，因为在进行稍大体积的树木制作时就不能以简单的球体或锥体来表现树木，而是应该随着比例尺及模型深度的改变而改变。

使用铁丝制作的方法是：将按照树木的高度截好的多股铁丝线拧紧，把上部枝杈部位劈开，这样就可以制作出树木的树干部分。树冠的部分一般选用细孔泡沫塑料，可自行将泡沫塑料染色并干燥粉碎，或购置模型辅材草地粉备用，将树干上部涂上胶液，再将涂有胶液的树干部分在泡沫塑料粉末中搅拌，待涂胶部分粘满粉末后放置一旁干燥。胶液完全干燥后，吹掉树木上的浮粉末，整形后便可完成树木的制作（图 4-25 至图 4-27）。

图 4-25　铁丝制作树 1

图 4-26 铁丝制作树 2

图 4-27 铁丝制作树 3

使用铁丝制作树木时，应该注意以下两个问题：一个是在制作树干部分时，切忌千篇一律；另一个是在涂胶液时，枝干部分的胶液要涂得饱满些，在粘粉末后，使树冠显得比较丰满。

3. 用干树枝制作树的方法

干树枝形状各异，比较容易取材，使用干树枝作为基本材料制作树木是一种非常简便且效果较佳的方法（图 4-28），能够更好地表现树木的具象形式。

图 4-28 干树枝材料

具体的制作方法：首先要根据建筑与环境模型的风格、形式选取一些干树枝作为基本材料，可以直接使用，干树枝用于处理室内模型环境时，寥寥数笔的点缀，便可以使人产生一种温馨的感觉，极富感染力。需要更深入的加工则要用细铁丝进行捆扎，捆扎时应特别注意树的造型，疏密要适中。捆扎后再人为地进行修剪，如果树的色彩过于单调，可用自喷漆喷色，或者采用铁丝制作树冠的办法丰富树冠的造型（图 4-29）。

图 4-29　使用干树枝制作的树

第三节　道路与交通工具的制作

一、道路的制作

道路在建筑与环境模型中的表现方法不尽相同，它随着比例尺的变化而变化。

在 1∶1000 至 1∶2000 比例模型道路制作方面，这类比例的建筑与环境模型一般是景观规划类的模型，主要表现的就是建筑物、路网和绿化的构成，在制作此类模型时，路网的表现要求既简单又明了，简单易行的制作方法是，用不同材质的贴纸来表示道路（图 4-30 和图 4-31）。

图 4-30 广场道路制作

图 4-31 路网制作

在 1∶300 以上比例的模型道路制作方面，主要是指展示类单体或群体建筑的模型。由于表现深度和比例尺的变化，在道路的制作方法上除了要明确示意道路外，还要把道路的高差反映出来。可用 0.2～0.6mm 的 PVC 板或 ABS 板作为制作道路的基本材料（图 4-32 和图 4-33）。

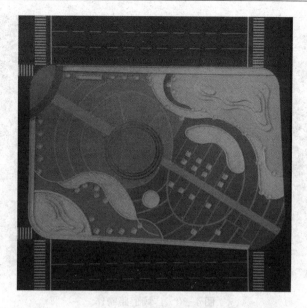

图 4-32　景观道路制作

图 4-33　层次深度有变化的道路制作

二、汽车的制作

汽车是建筑与环境模型环境中不可缺少的点缀物。汽车在整个建筑与环境模型中有两种表示功能。其一，是示意性功能。即在停车处摆放若干汽车，则可明确告诉人们，此处是停车场。其二，是表示比例关系。人们往往通过此类参照物来了解建筑的体量和周边关系。另外，在主干道及建筑物周围摆放些汽车，可以增强其环境效果。但这里应该指出，汽车色彩的选配及摆放的位置、数量一定要合理，否则将适得其反。

　　汽车的制作方法及材料有很多种，一般较为简单的处理方式有两种：一种方式为手工制作汽车模型，一般会利用有机玻璃板或 ABS 板等板材按汽车形态切割外轮廓并进行粘贴后形成比例合适的汽车示意（图 4-34）；另一种方式则是选择市场上出售的成品汽车，这种方式适合制作仿真程度要求较高的模型（图 4-35 至图 4-37）。

图 4-34　手工制作汽车模型

图 4-35　成品汽车模型

图 4-36　成品汽车模型的应用

图 4-37　模型中的汽车布景

第四节　其他配景的制作

一、路灯的制作

　　路灯是道路边或广场中的重要配景之一，反映模型的整体比例关系，在制作此类配景时应特别注意尺度，还应注意路灯的形式与建筑物风格及周围环境的匹配。

　　一般路灯的制作简单的办法是将大头针带圆头的上半部用钳子折弯，在针尖部套上一小段塑料导线的外皮，以表示灯杆的基座部分，上部可以用人造珠子和各种不同的小饰品配以其他材料，通过不同的组合方式制作出各种形式的路灯。在要求仿真度较高的模型中可直接选用成品模型（图4-38至图4-41）。

图4-38　景观路灯1

图4-39　景观路灯2

图 4-40　道路路灯 1

图 4-41　道路路灯 2

二、公共设施及标志

公共设施及标志是随着模型比例的变化而产生的一类配景，此类配景物，一般包括路标、围栏、建筑物标志等。

1. 路牌的制作

路牌是一种示意性标志物，一类是景观中的道路指示性标牌，另一类是公共的警示性标识设施。在制作这类配景物时，首先要按比例以及造型，将路牌都制作好，然后统一喷漆，路牌的制作中要严格遵照模型的比例进行，在选择示意图形时一定要用规范的图形，若比例尺不合适，可用复印机将图形缩至合适比例（图 4-42 至图 4-44）。

图 4-42　路牌的制作 1

图 4-43　路牌的制作 2

图 4-44 公共标识的制作

2. 围栏的制作

围栏的造型有多种，由于比例尺及手工制作等因素的制约，很难将其准确地表现出来。具体制作围栏时可利用画线方法对选定材料进行切割，制作完成围栏的示意造型（图 4-45）；也可利用快速成型技术，通过 3D 打印的方法加工制造围栏（图 4-46）；模型制作中若要求仿真程度较高时，也不排除使用一些围栏成品部件（图 4-47）。

图 4-45 画线切割方法制作围栏

图 4-46 快速成型方法制作围栏

图 4-47 成品围栏的选用

三、树篱的制作

树篱是由多棵树木排列组成，通过剪修而成型的一种绿化形式。在表现这种绿化形式时，如果模型的比例尺较小，我们可直接用染色过的海绵按其形状剪贴即可（图 4-48 和图 4-49）。模型比例尺较大时，在制作中就要考虑它的制作深度与造型和色彩等。在具体制作时，需要先制作一个骨架，再在外面包裹海绵材料。

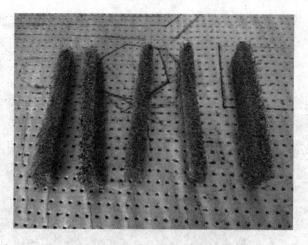

图 4-48　树篱模型制作 1

图 4-49　树篱模型制作 2

四、树池花坛的制作

树池和花坛也是环境绿化中的组成部分。虽然面积不大，但如果处理得当，能起到画龙点睛的作用。制作树池和花坛的基本材料，一般选用绿地粉或大孔泡沫塑料。在用绿地粉制作时，先将树池或花坛底部用白乳胶或胶水涂抹，然后撒上绿地粉。撒完后，用手轻轻按压，再将多余部分处理掉，便完成了树池和花坛的制作。这里需指出的是，选用绿地粉的色彩时，应以绿色为主，可加少量的红黄粉末，从而使色彩感觉上更贴近实际效果（图 4-50 和图 4-51）。

图4-50　树池花坛造型1

图4-51　树池花坛造型2

五、水面的制作

水面是各类建筑与环境模型中，特别是园林模型环境中经常出现的配景之一，作为水面的表现方式和方法，应随其建筑与环境模型的比例及风格的变化而变化。

在制作模型比例较小的水面时，可将水面与路面的高差忽略不计，一种方法是可以直接用蓝色水面贴纸按其形状剪裁。剪裁后按其所在部位粘贴即可（图4-52）。另一种方法则是采用遮挡着色的方法进行水面的处理，将处理的水面按照对应的位置进行着色或者喷漆，水面由浅至深形成仿真效果（图4-53）。

图 4-52　水面材质粘贴

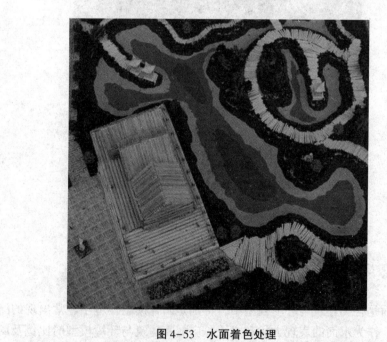

图 4-53　水面着色处理

　　在制作模型比例较大的水面时，要考虑如何将水面与路面的高差表现出来。通常采用的方法是，先将底盘上水面部分进行镂空处理，然后将透明有机玻璃板或带有纹理的透明塑料板按设计高差贴于镂空处，镂空部分内使用蓝色进行着色处理。用这种方法表现水面，一方面可以将水面与路面的高差表示出来。另一方面透明板在阳光照射和底层蓝色漆面的反衬下，其仿真效果非常好（图 4-54 和图 4-55）。

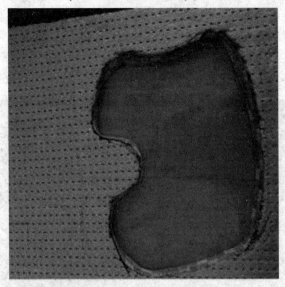

图 4-54　镂空方法水面制作

图 4-55　有高度差的水面制作

六、建筑小品的制作

建筑小品包括的范围很广，如建筑雕塑、浮雕、假山等，这类配景在整体建筑与环境模型中所占的比例相当小，但就其效果而言，往往起到了画龙点睛的作用。制作这类配景在材料的选用上要视表现对象而定。在制作雕塑类小品时，可以用橡皮、黏土、石膏等可塑性强的材料，通过堆积塑型便可制作出极富表现力和感染力的雕塑小品，如假山的制作；也可以使用较为精确的板材切割和粘接的办法制作建筑小品配景。合理地选用材料，恰当地运用表现形式，准确地掌握制作深度，做到这三者有机结合，才能处理好建筑小品的制作，同时达到预期的效果（图 4-56 至图 4-58）。

图 4-56　建筑小品制作 1

图 4-57　建筑小品制作 2

图4-58 建筑小品制作3

七、标题、指北针、比例尺的制作

标题、指北针、比例尺等是建筑与环境模型的又一重要组成部分，它们一方面有示意性功能，另一方面也起着装饰性作用。下面就介绍两种常见的制作方法：一种方法是贴制法，使用板材将标题字、指北针及比例尺制作出来，然后将其贴于盘面上，或者利用刻字机将电脑刻字加工出来，用转印纸将内容转贴到底盘上，这种贴制法制作过程简捷、方便，而且美观、大方（图4-59）。另一种方法为腐蚀板及雕刻制作法，腐蚀板及雕刻制作法是档次比较高的一种表现形式。腐蚀板制作法是用1mm左右厚的铜板作基底，用光刻机将内容拷在铜板上，然后用三氯化铁腐蚀，腐蚀后进行抛光，并在阴字上涂漆，即可制得漂亮的文字标牌（图4-60）。

图4-59 贴制法制标题、比例尺

图 4-60　腐蚀法制作标牌

第五章　建筑与环境模型制作案例

　　建筑与环境模型是体现建筑环境功能特点的重要工具之一，直观的展示效果可以让建筑与环境的特点得以更全面的展示，为建筑环境的宣传推广建立更好的条件，让人们能够获得更详细的建筑环境信息，但是如何才能更好地让建筑与环境模型把特点表现得更完整呢，在制作不同类型的模型时要有不同的侧重，本章将通过具体的制作案例介绍不同类别建筑与环境模型的制作，以帮助大家更好地了解模型制作的相关事项。

第一节　室内空间建筑与环境模型制作案例

　　这是一套简欧风格和美式风格混搭的室内空间设计，为配合表达效果进行模型的制作与展示，在设计制作中选取的主材为 ABS 板材，辅材有背胶贴纸、有机玻璃等。制作过程如下。

1. 模型准备

　　确定模型的用材，对图纸进行设计与分析（图 5-1 至图 5-3）。

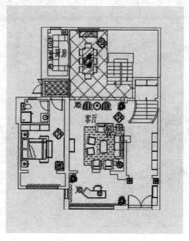

图 5-1　CAD 平面图

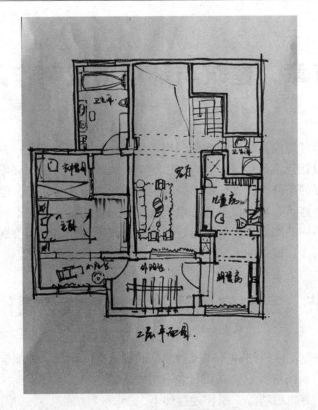

图 5-2　手绘平面布局图

图 5-3　手绘卧室图纸

2. 底板制作

把图纸按需要的比例进行缩放，确定模型制作选用的适合比例为1：25，利用计算机辅助软件对图纸进行设计，完成材质的制作与打印。模型底板的尺寸为600mm×600mm，模型底板采用木板制作，使用 ABS 板材进行面的包覆。将打印好的图纸贴覆在底板上，以此作为模型尺寸的依据（图5-4）。

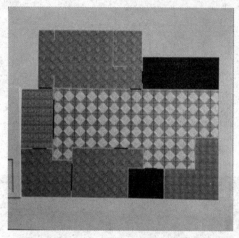

图5-4 模型底板的使用

3. 制作建筑的墙体

按照比例缩放图纸对墙体进行拆解，把建筑的各个面分解出来，外墙体使用4mm 厚度的 ABS 板材，内墙体使用2mm 厚度的 ABS 板材，利用计算机辅助雕刻设备进行墙体材料的切割，注意墙体对接尺寸的调整，对材料进行切割，做好墙体准备（图5-5 至图5-7）。

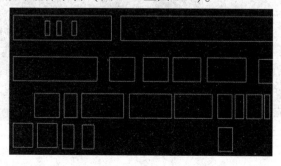

图5-5 利用软件辅助建筑外墙体的分解

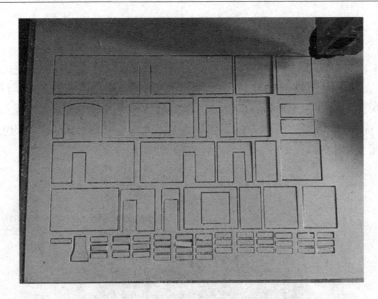

图 5-6 利用雕刻机对模型板材进行切割

图 5-7 切割完成的部分墙体

4. 制作门窗

门窗的透明材质选用 1mm 厚度的有机玻璃，窗框使用 0.5mm 厚度的 ABS 板材，根据图纸尺寸进行切割，使用三氯甲烷进行黏结（图 5-8）。

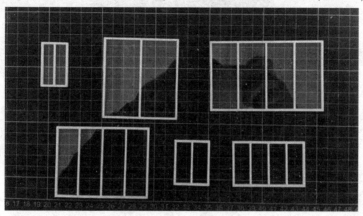

图 5-8　门窗的制作

5. 墙面材质的贴覆

墙面材质制作依据效果图进行，可以使用成品的墙面材质贴纸，若成品墙面材质贴纸不能符合要求，需要自行设计并制作材质贴纸并进行带有背胶的打印（图 5-9）。将有背胶的材质贴纸贴在对应的墙面上（图 5-10）。

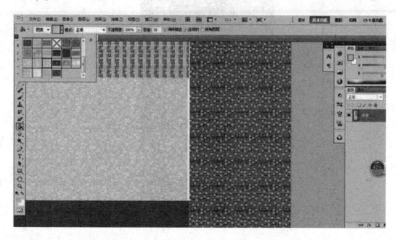

图 5-9　使用电脑软件制作墙面材质

图 5-10　墙面材质的贴覆

6. 粘接墙体

把贴覆好材质的各个墙面用胶粘起来，粘接 ABS 材料所使用的粘接剂是三氯甲烷（图 5-11），粘接时要特别注意各个面接缝处板材的厚度，确认板材的粘接位置及材质处理（图 5-12 至图 5-15）。

图 5-11　三氯甲烷

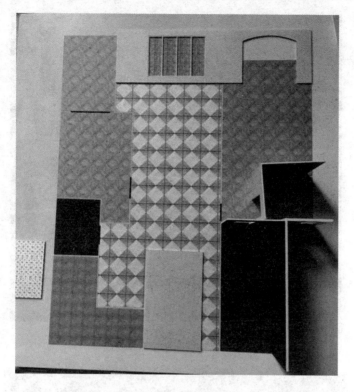

图 5-12　开始粘接墙面

图 5-13　墙面粘接部分完成

图 5-14　墙面粘接基本完成

图 5-15　模型墙面完成后内景

7. 配景制作

模型墙体完成后即开始对内部空间进行装饰，内部造型需要对应图纸的立面图尺寸和效果图的效果进行设计和板材的切割，图5-16至图5-18是一组衣柜的制作过程，采用同样办法对室内空间其他不标准的或缺少成品模型的墙面造型及家具进行制作（图5-19至图5-22）。

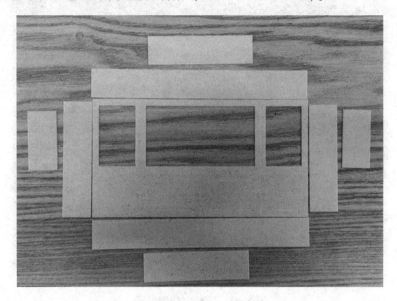

图5-16 衣柜制作板材切割

图5-17 衣柜制作成型过程

图 5-18　衣柜制作完成图

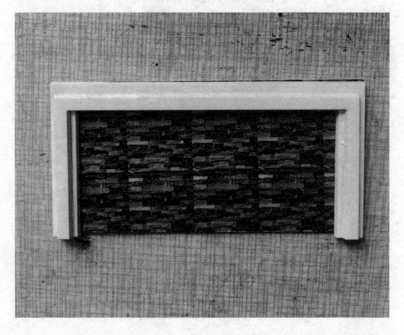

图 5-19　装饰墙的制作

图 5-20　双层床的制作

图 5-21　衣帽间的制作

图 5-22　背景墙的制作

8. 空间装饰

标准的家具及环境空间装饰可以选购到成品的模型进行装饰，此模型的制作比例是 1：25，可选购适用的同比例成品模型对环境空间进行装饰（图 5-23 至图 5-25）。

图 5-23　起居室的装饰

图 5-24　卧室的装饰

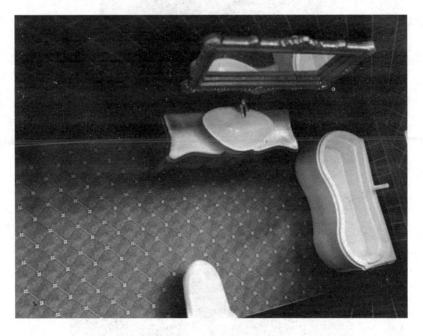

图 5-25　卫生间的装饰

9. 模型完成

经过最终的修整和完善，完整的室内空间模型已经呈现，图 5-26 为俯视角度对模型进行观察，图 5-27 展现模型整体效果，图 5-28 和图 5-29 展现模型内景效果。

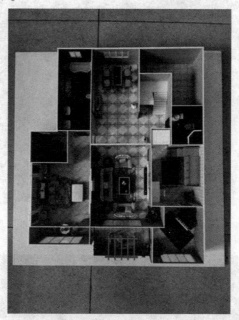

图 5-26　俯视角度观看模型

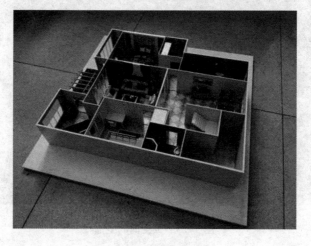

图 5-27　模型整体效果

图 5-28　模型内景效果 1

图 5-29　模型内景效果 2

第二节 规划类建筑与环境模型制作案例

这是一套现代风格的建筑博物馆整体规划设计，为配合表达效果进行模型的制作与展示，在模型制作前期绘制 CAD 雕刻平面图，分解雕刻零件，根据设计图的构思进行模型制作，在设计制作中选取的主材为椴木板，辅材有蓝色卡纸、发光灯带等。制作过程如下。

1. 模型准备

确定模型的用材，对图纸进行设计与分析（图 5-30 至图 5-32）。

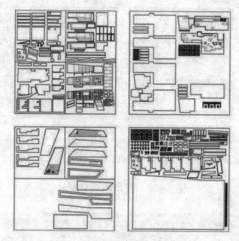

图 5-30 CAD 雕刻平面图

图 5-31 彩色平面图

图 5-32　设计效果图

2. 底板制作

把图纸按需要的比例进行缩放，确定本模型制作选用的适合比例为 1∶200，利用计算机辅助软件对图纸进行设计，完成其模型的制作与打印。模型底板的尺寸为 800mm×500mm，模型底板采用木板进行制作。将切割好的底部轮廓覆在底板上，以此作为模型尺寸的依据（图 5-33）。

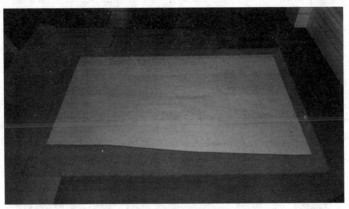

图 5-33　模型底板

3. 制作建筑模型的 CAD 雕刻部件

按照比例缩放图纸对墙体进行拆解，把建筑的各个面分解出来，外墙体使用 3mm 厚度的椴木板材，内墙体使用 2mm 厚度的椴木板材，利用计算机辅助雕刻设备进行墙体材料的切割，注意墙体对接尺寸的调整，对材料进行切割，做好墙体准备（图 5-34 至图 5-36）。

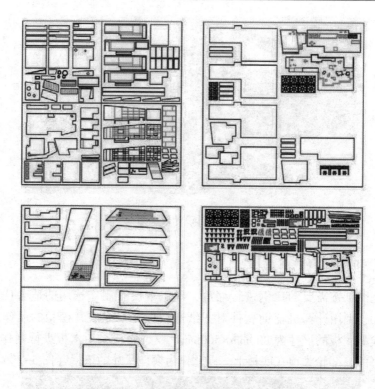

图 5-34　利用 CAD 软件对模型进行分解

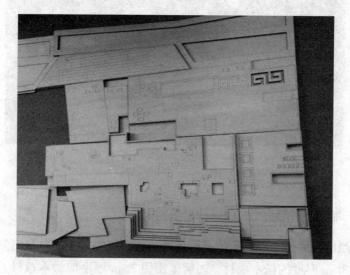

图 5-35　利用数控雕刻机对板材进行切割 1

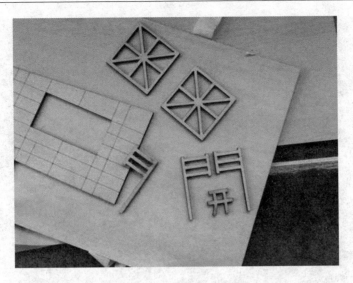

图 5-36　利用数控雕刻机对板材进行切割 2

4. 制作建筑主体

建筑主体制作选用 3mm 厚的椴木材料进行黏合拼接，窗户选用 1mm 厚的有机玻璃，使用 UHU 胶进行粘接（图 5-37 至图 5-39 为建筑主体粘接成型过程）。

图 5-37　建筑主体粘结 1

图 5-38　建筑主体粘结 2

图 5-39　建筑主体粘结完成

5. 模型整体规划制作

依据效果图中的内容，对整体模型的规划进行细致的布置，达到与所设计的内容相一致（图 5-40 至图 5-45）。

图 5-40　布置模型局部 1

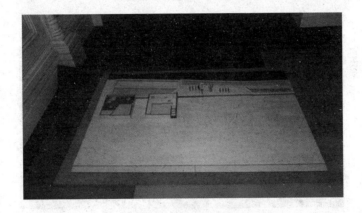

图 5-41　布置模型局部 2

图 5-42　布置模型局部 3

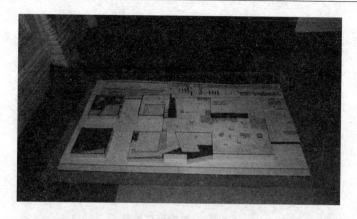

图 5-43　布置模型局部 4

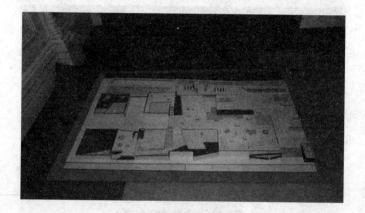

图 5-44　布置模型局部 5

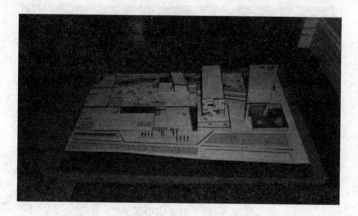

图 5-45　规划制作基本完成

6. 粘接模型整体

　　把布置好的各个场景用胶粘起来，粘接椴木材料所使用的粘接剂是 UHU 胶（图 5-46），粘接时要特别注意各个面接缝处板材的厚度，确认板材的粘接位置及材质处理（图 5-47 至图 5-50）。

图 5-46　UHU 胶

图 5-47　局部粘接

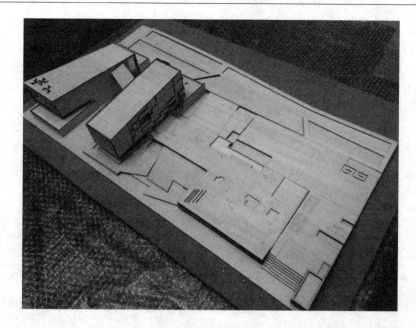

图 5-48 整体粘接

图 5-49 水面与模型整体粘接

图 5-50　模型各部件粘接基本完成

7. 配景制作

模型整体制作完成后即开始对空间进行装饰，造型需要对应图纸的立面图尺寸和效果图的效果进行设计和板材的切割，规划模型中要展示出树、发光灯带、人物、交通工具、局部造型等。图 5-51 至图 5-54 是一组细部制作过程。

图 5-51　树模型

图 5-52　景观造型立面图

图 5-53　景观造型俯视图

图 5-54　景观造型整体图

8. 模型完成

经过最终的修整和完善后完整的规划类建筑与环境模型制作空间模型已经呈现，图5-55为俯视角度对模型进行总体观察，图5-56展现模型整体效果，图5-57和图5-58展现模型内景效果。

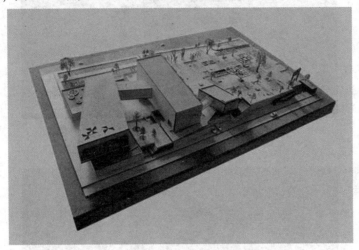

图5-55 俯视角度观看模型

图5-56 展现模型发光效果

图 5-57　模型内景效果 1

图 5-58　模型内景效果 2

第三节　景观类建筑与环境模型制作案例

　　这是一套景观类建筑与环境模型设计，为配合表达效果进行模型的制作与展示，在模型制作前期绘制 CAD 雕刻平面图，分解雕刻零件，根据设计图的构思进行模型制作，在设计制作中选取的主材为椴木板，辅材有蓝色卡纸、发光灯带、绿植等。制作过程如下。

1. 模型准备

确定模型的用材，对图纸进行设计与分析，依据 CAD 绘制的平面图分别制作白卡纸与椴木板平面图模型件，便可以制作出更准确的景观模型（图 5-59 至图 5-61）。

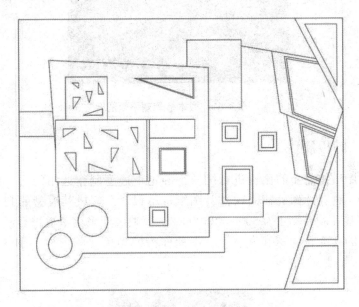

图 5-59　CAD 平面图

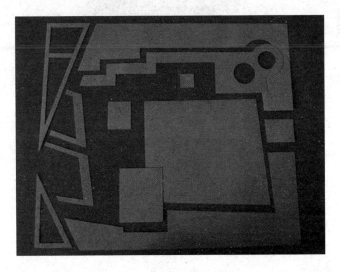

图 5-60　白卡纸雕刻平面图

图 5-61　椴木板雕刻平面图

2. 底板制作

把图纸按需要的比例进行缩放，确定本模型制作选用的适合比例为 1∶150，利用计算机辅助软件对图纸进行设计，完成其模型的制作与打印。模型底板的尺寸为 500mm×500mm，模型底板采用木板进行制作。将切割好的底部轮廓覆在底板上，以此作为模型尺寸的依据（图 5-62 和图 5-63）。

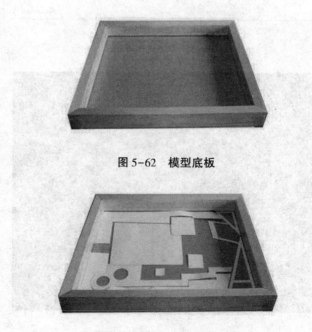

图 5-62　模型底板

图 5-63　模型底部轮廓

3. 制作景观类模型的雕刻部件

按照比例缩放图纸对模型立面进行拆解，把模型的各个面分解出来，外墙体使用3mm厚度的椴木板材，其他立面部分使用2mm厚度的椴木板材，分层底部用KT板垒起一定的厚度，利用雕刻工具及设备进行模型材料的切割，注意模型对接尺寸的调整，对材料进行切割，做好拼接准备（图5-64和图5-65）。

图5-64 模型雕刻部件平面布置

图5-65 模型雕刻部件立面布置

4. 制作景观造型

景观主体制作选用 2mm 厚的椴木材料进行黏合拼接，景观主体立面选用 2mm 厚度的 KT 板垒加成一定的厚度再进行黏合，景观立面表面用薄贴纸进行表面封边，这样使模型整体效果更好。同时可以根据设计需要进行电路的制作（图 5-66 至图 5-72）。

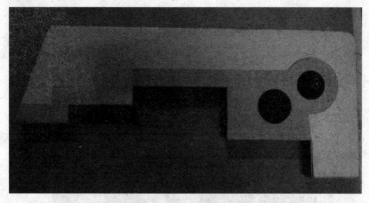

图 5-66　景观造型俯视图

图 5-67　景观造型立面图

图 5-68　景观造型透视图

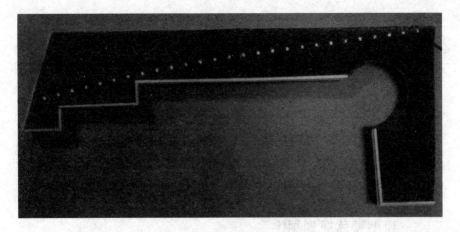

图 5-69　LED 灯带景观造型图

图 5-70　三角景观造型图

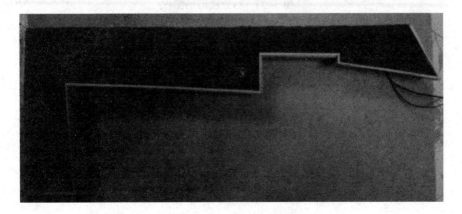

图 5-71　L 形景观造型图

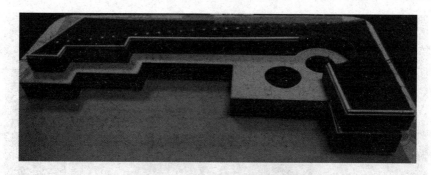

图 5-72　景观造型叠加图

5. 模型整体规划制作

依据效果图中的内容，对整体模型的规划进行细致的布置，达到与所设计的内容相一致（图 5-73 至图 5-77）。

图 5-73　布置模型局部 1

图 5-74　布置模型局部 2

图 5-75 布置模型局部 3

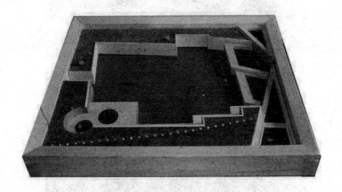

图 5-76 布置模型局部 4

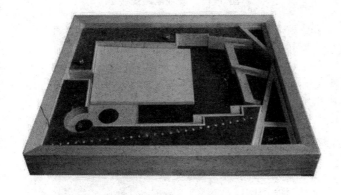

图 5-77 布置模型局部 5

6. 电路设计与制作

根据模型设计表现的需要对制作的模型进行电路安装，模型制作前把电路线连接好，再根据每个景观造型设计的需求进行电路连接，连接时应注意选用电压电源。一般沙盘模型制作时选用 3V/5V 电压电源电池盒进行串联连接（图 5-78 至图 5-80）。

图 5-78　景观电路安装 1

图 5-79　景观电路安装 2

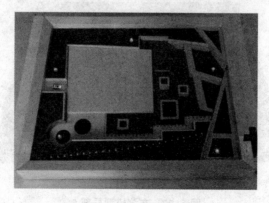

图 5-80　景观电路安装 3

7. 配景制作

　　模型整体制作完成后即开始对空间进行装饰，造型需要对应图纸的立面图尺寸和效果图的效果进行设计和板材的切割，规划模型中所要展示出树、发光灯带、人物、交通工具、局部造型等（图 5-81 至图 5-84 是一组细部制作过程）。

图 5-81　树模型

图 5-82　景观造型灯带

图 5-83　景观造型立面图

图 5-84　景观造型俯视体图

8. 模型整体修整

经过最终的修整和完善，完整的规划类建筑与环境模型制作空间模型已经呈现，图 5-85 为俯视角度对模型进行观察，图 5-86 展现了模型整体效果及夜视效果。

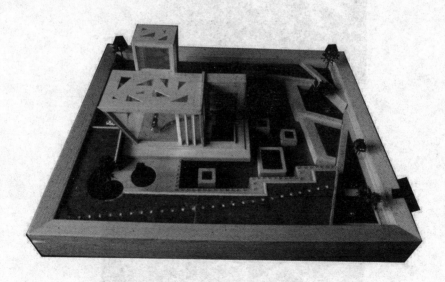

图 5-85　俯视角度观察模型

图 5-86　模型夜视效果

第六章　建筑与环境模型的摄影

建筑与环境模型摄影是根据特定的对象利用摄影进行展示成果和资料保存的一种重要手段。建筑与环境模型摄影与一般摄影有所不同，它是以建筑与环境模型为特定的拍摄对象。因此，无论是摄影器材的配置，还是构图的选择、拍摄的角度、光的使用及背景的处理都应以特定的拍摄对象进行选取。

第一节　摄影器材

建筑与环境模型摄影一般使用单反相机拍摄。使用该种相机拍摄，主要是为了便于构图和更换镜头。拍摄时，一般使用标准镜头即可。但有时为了追求特殊的拍摄效果，可以使用变焦镜头或广角镜头拍摄。此外，还有一种 PC 镜头，这种镜头属建筑摄影的专业镜头，它可以通过调焦来消除视差，将三维的拍摄对象还原成二维的平面影像。为了满足室内外拍摄的各种需要，还应具备三角架、照明灯具、背景布及反光板等器材（图 6-1）。

图 6-1　各类摄影器材

第二节　构图

一幅照片的取舍，拍摄物象的位置以及最终的视觉效果，相当一部分因素取决于构图。在拍摄建筑与环境模型时，无论是拍摄全貌，还是拍摄局部，都应以拍摄中心进行构图，把所要表现的对象，通过取舍的表现形式，合情合理地安排在画面中，从而使要表现的主题得到充分而完美的表达（图 6-2 和图 6-3）。

图 6-2　选取摄影构图角度

图 6-3　选取适合角度的摄影效果

第三节 拍摄视角的选择

拍摄视角的选择是拍摄建筑与环境模型的主要环节。在视角的选择时，应根据模型的类型来进行选择。

在拍摄规划模型时，一般选择高视点，以拍鸟瞰图为主。因为规划模型主要是反映总体布局。所以要根据特定对象来选取视点进行拍摄，从而使人们能在照片上一览全局。

在拍摄单体模型时，一般选择的是高视点和低视点进行拍摄。当利用高视点拍摄单体建筑时，选取视点高度一定要根据建筑的体量及形式而定。如果建筑物屋顶面积比较大，高度较低，选择视点时可略低些。因为这样处理便可减少画面上屋顶的比例。反之，在拍摄高层体面变化较大的建筑物时，选择的视点可略高些。这样便可以充分展示建筑物的空间。利用低视点拍摄单体建筑，主要是为了突出建筑主体高度及立面造型设计。

总之，在拍摄建筑与环境模型时，一定要根据具体情况选择最佳视角。只有这样才能充分展示建筑的内涵和建筑与环境模型外在的表现力（图6-4至图6-6为不同拍摄视角的作品效果）。

图6-4 俯视角度拍摄模型

图 6-5 低视角度拍摄模型

图 6-6 高视角度拍摄模型

第四节　光源

建筑与环境模型的拍摄，所采取的光源有两种：一种是利用自然光进行拍摄，另一种是利用人造光源进行拍摄。在室外利用自然光拍摄时，首先要合理地选择拍摄时间。一般室外拍摄时间应在早八时至下午四时之间，过早或过晚由于色温的变化将会引起图片偏色。另外，正午时间也不利于建筑与环境模型的拍摄。因为正午太阳的照射点最高，建筑与环境模型所呈现的光影效果最差。所以，正午不宜拍摄。

在利用人造光进行建筑与环境模型拍摄时，要合理地分配主光和辅光。主光是摄影照明的主要光源。用主光照明能形成一个视觉中心，以吸引观众的视线。但这里应该指出的是，主光在画面上只能有一个。如果画面上同时出现两个或两个以上的主光，画面就会形成多个中心，使人的视觉中心转移。作为主光灯具，最好放在建筑与环境模型的侧面，与被摄物成 30°~60°的角。角度过小，被摄物阴影较大。角度过大，则光线就比较平淡。

辅光也叫副光，它的作用是主光照明的补充，消除主光所造成的阴影，得以表现景物阴暗面的细部。辅助光的布光位置一般靠近相机，其亮度应低于主光。否则会造成主次颠倒，影响灯光的造型效果。另外，辅助光源的高低位置应以能冲淡阴影为宜。

在室内拍摄建筑与环境模型时，特别是拍摄带有大面反光材料的建筑物时，要特别注意周围反光物对拍摄的影响。一般来说，室内拍摄时要将室外投入到室内的光源进行遮挡，同时要消除拍摄周边的反光物，从而避免环境因素所引起的不良效果（图 6-7 至图 6-13）。

图 6-7　室内光线拍摄模型

图 6-8　自然光线拍摄模型 1

图 6-9　自然光线拍摄模型 2

图 6-10　运用光线拍摄模型 1

图 6-11　运用光线拍摄模型 2

图 6-12　运用光线拍摄模型 3

图 6-13　运用光线拍摄模型 4

第五节 背景

背景处理是建筑与环境模型拍摄的又一重要环节。背景处理一般有两种作用：其一，改善拍摄环境；其二，利用背景来烘托气氛。在拍摄素色建筑与环境模型时，一般选用单色衬布为背景。选用衬布时，最好选用质地比较粗糙的布料作为背景。因为质地粗糙的布料具有一定的吸光性，在阳光或灯光的照射下，不会引起反光。

同时，在选用单一色彩衬布作为背景时，选择背景的色彩一定要充分运用色彩学的基本知识。一方面要考虑到背景与主体间色彩的对比关系。另一方面还要考虑到色彩间的冷暖互补性。总之，这种表现手法较为简洁，但在拍摄前一定要处理好各种关系，这样才能拍摄出格调高雅的建筑与环境模型照片（图6-14至图6-16）。

图6-14 利用淡雅背景拍摄模型1

图 6-15　利用淡雅背景拍摄模型 2

图 6-16　利用淡雅背景拍摄模型 3

　　在拍摄实体色模型时，除了选用上述背景处理外，还可以选用自然背景。自然背景分为两种。一种是选用绿化环境为背景，即把要拍的模型摆放在树篱或花丛前拍摄。采用此方法时，一方面要注意模型不要贴在树篱或花丛上，要拉大被摄物与背景的距离。另一方面在曝光时，一定要加大光圈，使景深变小，从而使背景产生朦胧感。这样处理既能减弱背景对主要拍摄对象的干扰，又能增强其艺术效果。第二种是选用天空作为背景，这种处理方法前提是在具有一定高度的楼顶平台上进行拍摄。因为只有这样才能消除周边环境的干扰。同时，在拍摄时最好能选择在天空中有云朵时进行拍摄，它能增加天空的层次感（图6-17和图6-18）。

图6-17　利用绿化环境背景拍摄模型1

图 6-18　利用绿化环境背景拍摄模型 2

第七章　建筑与环境模型欣赏

第一节　概念模型欣赏

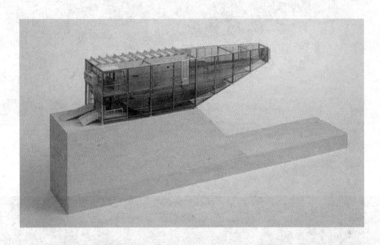

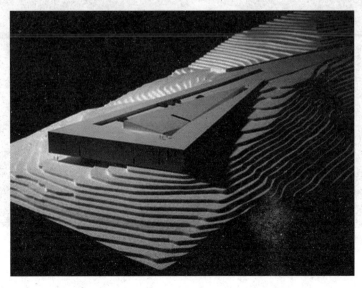

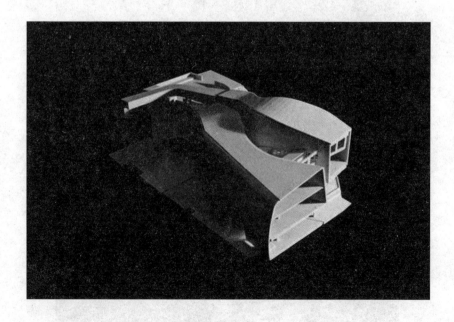

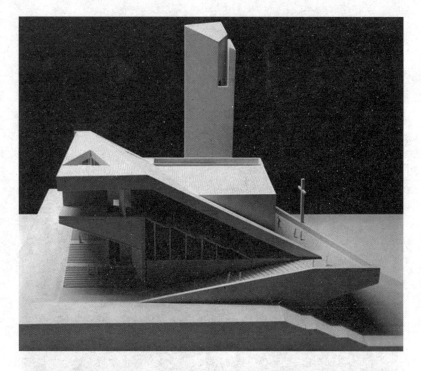

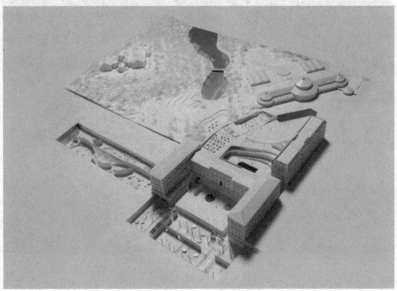

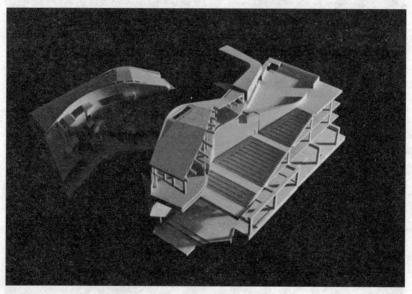

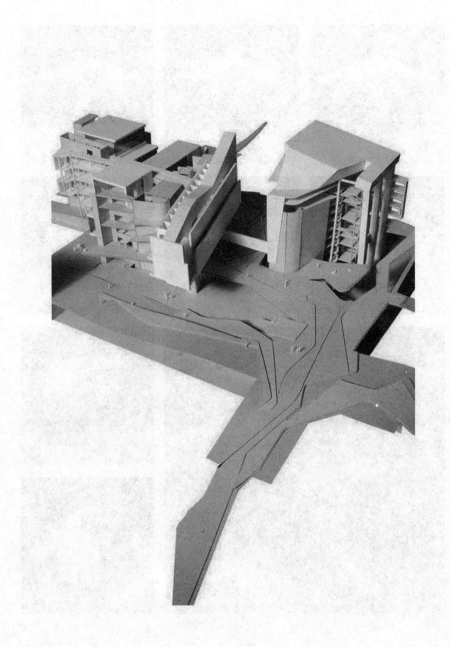

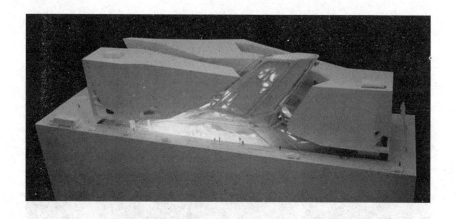

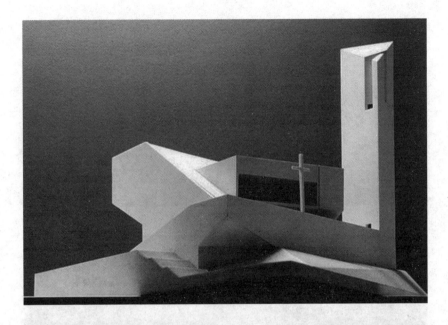

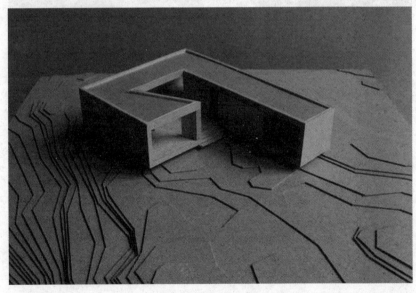

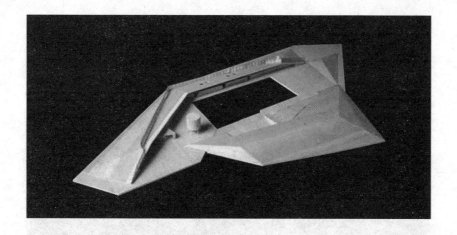

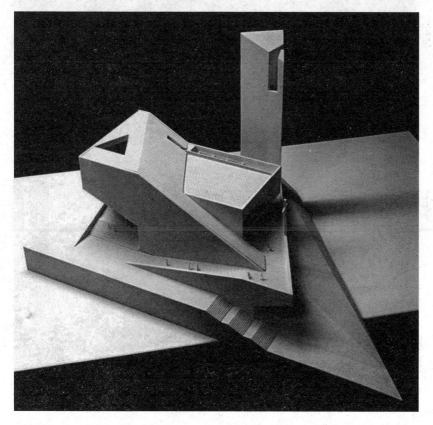

第二节　展示模型欣赏

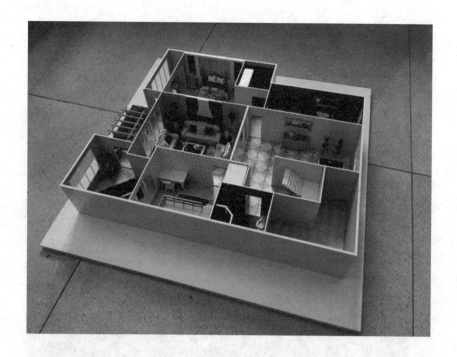

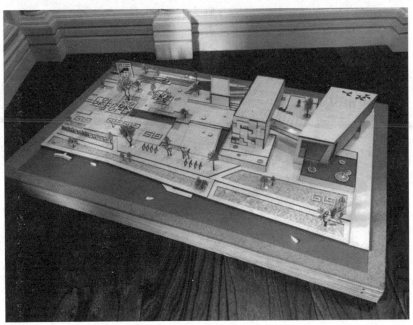

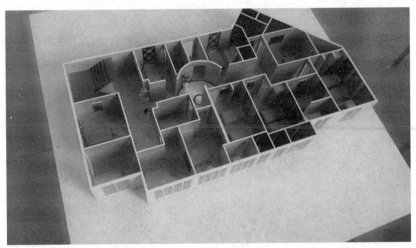

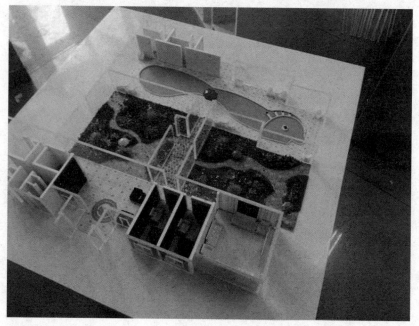

第三节 学生习作欣赏

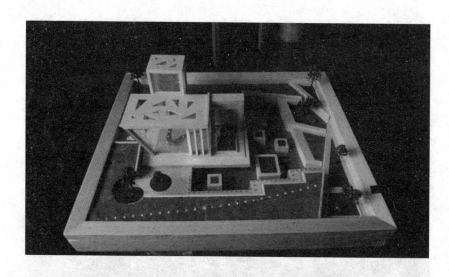

参考文献

［1］郁有西，刘木森，王海涛，等. 建筑模型设计［M］. 北京：中国轻工业出版社，2008.

［2］米尔斯. 建筑模型设计制作［M］. 尹春生，译. 北京：机械工业出版社，2004.

［3］杜建丽. 电子沙盘制作方法的研究［D］. 西安：西安科技大学，2009.

［4］刘捷，马驰. 房屋建筑模型教具制作探讨［J］. 武汉工程职业技术学院学报，2010，22（1）：77-80.

［5］刘越. 机械雕刻机在建筑模型制作过程中的应用［J］. 装备技术，2014（11）：193-197.

［6］陈明，张伟，伍亚斌，等. 建筑及景观模型制作方法的探讨［J］. 山西建筑，2014（22）：24-25.

［7］周红. 建筑模型设计教学探讨［J］. 科学教育论坛，2006（3）：290，295.

［8］余志红，林从华，蔡碧新，林阳. 建筑模型在建筑设计教学中的运用［J］. 高等建筑教育，2008，17（6）：138-140.

［9］曾晓璐. 建筑模型在设计构思阶段的作用［J］. 美与时代，2017（10）：19-20.

［10］王戎. 建筑模型制作的实践与思考［J］. 成都航空职业技术学院学报，2001，3（1）：37-38.

［11］蒋建武. 论环境艺术设计专业模型制作课程的必要性［J］. 美术教育研究，2013（10）：88.

［12］李润. 模型制作课程对学生综合设计能力的作用以环境艺术专业为例［J］. 美术教育研究，2014（5）：166.

［13］郭嘉. 木质材料模型制作在设计教学中的应用研究［D］. 北京：北方工业大学，2012.

［14］张扬. 三维数字地形模型设计与研究［D］. 长春：吉林大学，2008.

［15］杨红卫，刘勇，许民，等. 沙盘模型设计与实践［J］. 地理空间信息，2010，8（6）：95-97.

［16］徐德生，黄玉全. 沙盘模型在建设领域的功用初探［J］. 山西建筑，2010，36（1）：51-52.

［17］孙海姣. 沙盘模型制作的前期规划［J］. 设计，2014（2）：77-78.

［18］原成. 谈计算机辅助设计在建筑模型制作中的应用［J］. 智能应用，2014（24）：31.

［19］段懿轩. 土语原生度假酒店等高线模型制作研究［D］. 石家庄：河北大学，2014.

［20］林陈. 文艺复兴时期建筑模型的运用［D］. 南京：南京大学，2017.